U0390322

国家中职示范校数控专业课程系列教材

# CAD／CAM 应用

CAD CAM YINGYONG

刘 新 主编

知识产权出版社
全国百佳图书出版单位

**图书在版编目 ( CIP ) 数据**

CAD/CAM 应用/刘新主编 . —北京:知识产权出版社,2015. 11
国家中职示范校数控专业课程系列教材/杨常红主编
ISBN 978-7-5130-3786-0

Ⅰ. ①C…　Ⅱ. ①刘…　Ⅲ. ①计算机辅助设计—中等专业学校—教材　②计算机辅助制造—中等专业学校—教材　Ⅳ. ①TP391. 7

中国版本图书馆 CIP 数据核字(2015)第 220977 号


责任编辑: 王　辉


国家中职示范校数控专业课程系列教材

## CAD/CAM 应用

刘　新　主编

| | |
|---|---|
| 出版发行:知识产权出版社 有限责任公司 | 网　　址:http://www. ipph. cn |
| 电　话:010-82004826 | http://www. laichushu. com |
| 社　　址:北京市海淀区马甸南村 1 号 | 邮　编:100088 |
| 责编电话:010-82000860 转 8381 | 责编邮箱:380484298@ qq. com |
| 发行电话:010-82000860 转 8101/8029 | 发行传真:010-82000893/82003279 |
| 印　　刷:北京中献拓方科技发展有限公司 | 经　销:各大网上书店、新华书店及相关专业书店 |
| 开　　本:880mm×1230mm　1/32 | 印　张:6. 75 |
| 版　　次:2015 年 11 月第 1 版 | 印　次:2015 年 11 月第 1 次印刷 |
| 字　　数:160 千字 | 定　价:20. 00 元 |

ISBN 978-7-5130-3786-0

出版权专有　侵权必究

如有印装质量问题,本社负责调换。

# 牡丹江市高级技工学校
# 教材建设委员会

主　任　原　敏　杨常红

委　员　王丽君　卢　楠　李　勇　沈桂军

　　　　刘　新　杨征东　张文超　王培明

　　　　孟昭发　于功亭　王昌智　王顺胜

　　　　张　旭　李广合

# 本书编委会

主　编　刘　新

副主编　刘百丽　沈桂军

编　者

　　　学校人员　刘　新　刘百丽　沈桂军　张志健

　　　　　　　　关向东　曹季平

　　　企业人员　王顺胜　杜克忠　霍灿金

# 前　言

　　2013年4月，牡丹江市高级技工学校被三部委确定为"国家中等职业教育改革发展示范校"创建单位，为扎实推进示范校项目建设，切实深化教学模式改革，实现教学内容的创新，使学校的职业教育更好地适应本地经济特色，学校广泛开展行业、企业调研，反复论证本地相关企业的技能岗位的典型任务与技能需求，在专业建设指导委员会的指导与配合下，科学设置课程体系，积极组织广大专业教师与合作企业的技术骨干研发和编写具有我市特色的校本教材。

　　示范校项目建设期间，我校的校本教材研发工作取得了丰硕成果。2014年8月，《汽车营销》教材在中国劳动社会保障出版社出版发行。2014年12月，学校对校本教材严格审核，评选出《零件的数控车床加工》《模拟电子技术》《中式烹调工艺》等20册能体现本校特色的校本教材。这套系列教材以学校与区域经济作为本位和阵地，在对学生学习需求和区域经济发展分析的基础上，由学校与合作企业联合开发和编制。教材本着"行动导向、任务引领、学做结合、理实一体"的原则编写，以职业能力为核心，有针对性地传授专业知识和训练操作技能，符合新课程理念，对学生全面成长和区域经济发展也会产生积极的作用。

　　各册教材的学习内容分别划分为若干个单元项目，再分为若干个学习任务，每个学习任务包括任务描述及相关知识、操作步骤和方法、拓展与训练等。学用结合、学以致用的学习模式和特点，适合于各类中职学校使用。

《CAD/CAM 应用》主要内容包括 CAXA 制造工程师软件的基本操作方法、线框造型、几何变换、曲面造型、曲面编辑、实体造型、数控铣加工与编程、轨迹仿真与程序代码、工艺编制等，共 5 个项目，37 个学习任务。各项目均配有项目拓展与训练的实训题，以便学生将所学知识融会贯通。本书在黑龙江林业职业学院机械工程学院张玉清教授策划指导下，由本校机械工程系专业骨干与牡丹江北方双佳钻采机具有限公司、牡丹江富通汽车空调机有限公司的技术人员合作完成。限于时间与水平，书中不足之处在所难免，恳请广大教师和学生批评指正，希望读者和专家给予帮助指导！

牡丹江市高级技工学校校本教材编委会
2015 年 3 月

# 目　　录

**项目一　CAXA 制造工程师应用简介** ⋯⋯⋯⋯⋯⋯⋯⋯⋯ 1

　任务一　了解数控加工技术 ⋯⋯⋯⋯⋯⋯⋯⋯⋯⋯⋯⋯ 1

　　（一）数控加工的特点 ⋯⋯⋯⋯⋯⋯⋯⋯⋯⋯⋯⋯⋯ 1

　　（二）数控加工 ⋯⋯⋯⋯⋯⋯⋯⋯⋯⋯⋯⋯⋯⋯⋯⋯ 2

　任务二　自动编程基础知识 ⋯⋯⋯⋯⋯⋯⋯⋯⋯⋯⋯⋯ 3

　　（一）自动编程的概念 ⋯⋯⋯⋯⋯⋯⋯⋯⋯⋯⋯⋯⋯ 3

　　（二）自动编程的分类 ⋯⋯⋯⋯⋯⋯⋯⋯⋯⋯⋯⋯⋯ 3

　　（三）自动编程的发展 ⋯⋯⋯⋯⋯⋯⋯⋯⋯⋯⋯⋯⋯ 5

　任务三　CAD/CAM 系统简介 ⋯⋯⋯⋯⋯⋯⋯⋯⋯⋯⋯ 6

　　（一）CAD/CAM 的数控自动编程的基本步骤 ⋯⋯⋯ 6

　　（二）CAD/CAM 的数控自动编程系统关键技术概述⋯⋯ 9

　任务四　认识 CAXA 制造工程师软件 ⋯⋯⋯⋯⋯⋯⋯ 15

　　（一）CAXA 制造工程师简介 ⋯⋯⋯⋯⋯⋯⋯⋯⋯ 15

　　（二）CAXA 制造工程师 CAD/CAM 系统进行自动编程的

　　　　　基本步骤 ⋯⋯⋯⋯⋯⋯⋯⋯⋯⋯⋯⋯⋯⋯⋯ 15

　　（三）CAXA 制造工程师软件界面介绍 ⋯⋯⋯⋯⋯ 17

　　（四）CAXA 制造工程师的基本操作 ⋯⋯⋯⋯⋯⋯ 23

　拓展与训练 ⋯⋯⋯⋯⋯⋯⋯⋯⋯⋯⋯⋯⋯⋯⋯⋯⋯⋯ 37

**项目二　曲线和曲面** ⋯⋯⋯⋯⋯⋯⋯⋯⋯⋯⋯⋯⋯⋯⋯ 39

　任务一　曲线的绘制 ⋯⋯⋯⋯⋯⋯⋯⋯⋯⋯⋯⋯⋯⋯ 39

　任务二　曲线的编辑 ⋯⋯⋯⋯⋯⋯⋯⋯⋯⋯⋯⋯⋯⋯ 40

　任务三　几何变换 ⋯⋯⋯⋯⋯⋯⋯⋯⋯⋯⋯⋯⋯⋯⋯ 42

　任务四　曲面的生成及编辑 ⋯⋯⋯⋯⋯⋯⋯⋯⋯⋯⋯ 44

　　（一）曲面生成 ⋯⋯⋯⋯⋯⋯⋯⋯⋯⋯⋯⋯⋯⋯⋯ 44

（二）曲面编辑 ･･････････････････････････････････････ 60

任务五　五角星曲面建模 ･･････････････････････････････ 72

　　（一）生成五角星曲线 ････････････････････････････ 72

　　（二）生成五角星曲面 ････････････････････････････ 74

任务六　鼠标的曲面建模 ･･････････････････････････････ 76

　　（一）生成扫描面 ･･･････････････････････････････ 77

　　（二）裁剪曲面 ･････････････････････････････････ 80

　　（三）生成直纹面 ･･･････････････････････････････ 81

　　（四）曲面过渡 ･････････････････････････････････ 82

拓展与训练 ････････････････････････････････････････ 82

项目三　特征造型 ･･････････････････････････････････ 90

任务一　拉　伸 ････････････････････････････････････ 90

　　（一）操作过程 ･････････････････････････････････ 90

　　（二）操作类型 ･････････････････････････････････ 91

　　（三）实例 ･････････････････････････････････････ 91

任务二　旋　转 ････････････････････････････････････ 92

　　（一）操作过程 ･････････････････････････････････ 92

　　（二）操作类型 ･････････････････････････････････ 93

　　（三）实例 ･････････････････････････････････････ 93

任务三　导　动 ････････････････････････････････････ 94

　　（一）操作过程 ･････････････････････････････････ 94

　　（二）操作类型 ･････････････････････････････････ 94

任务四　放　样 ････････････････････････････････････ 95

　　（一）操作过程 ･････････････････････････････････ 95

　　（二）操作事项 ･････････････････････････････････ 95

　　（三）实例 ･････････････････････････････････････ 96

任务五　曲面加厚 ･･････････････････････････････････ 96

　　（一）操作过程 ･････････････････････････････････ 96

（二）操作类型 ················································· 96
（三）实例 ····················································· 97

**任务六　曲面裁剪** ················································· 97
（一）操作过程 ················································· 97
（二）操作事项 ················································· 97
（三）实例 ····················································· 98

**任务七　过　渡** ················································· 98
（一）操作过程 ················································· 98
（二）操作类型 ················································· 98

**任务八　倒　角** ················································· 99
（一）操作过程 ················································· 99
（二）操作参数 ················································· 99

**任务九　线性阵列** ················································· 100
（一）操作过程 ················································· 100
（二）操作事项 ················································· 100
（三）实例 ····················································· 101

**任务十　环形阵列** ················································· 101
（一）操作过程 ················································· 101
（二）操作事项 ················································· 101
（三）实例 ····················································· 102

**任务十一　基准面** ················································· 102
（一）操作过程 ················································· 102
（二）操作类型 ················································· 103
（三）实例 ····················································· 103

**任务十二　抽　壳** ················································· 103
（一）操作过程 ················································· 103
（二）操作参数 ················································· 104
（三）实例 ····················································· 104

任务十三　筋　板 ………………………………………… 105

（一）操作过程 …………………………………………… 105

（二）操作类型 …………………………………………… 105

（三）实例 ………………………………………………… 105

任务十四　孔 …………………………………………… 106

（一）操作过程 …………………………………………… 106

（二）操作参数 …………………………………………… 106

（三）实例 ………………………………………………… 106

任务十五　拔　模 ……………………………………… 107

（一）操作过程 …………………………………………… 107

（二）操作参数 …………………………………………… 107

（三）实例 ………………………………………………… 107

任务十六　型　腔 ……………………………………… 108

（一）操作过程 …………………………………………… 108

（二）操作参数 …………………………………………… 108

（三）实例 ………………………………………………… 109

任务十七　分　模 ……………………………………… 109

（一）操作过程 …………………………………………… 109

（二）操作类型 …………………………………………… 110

（三）实例 ………………………………………………… 110

任务十八　实体布尔运算 ……………………………… 110

（一）操作过程 …………………………………………… 110

（二）操作类型 …………………………………………… 111

（三）实例 ………………………………………………… 111

拓展与训练 ……………………………………………… 112

**项目四　加工轨迹的生成** …………………………… 119

任务一　数控加工功能的相关操作和设定 …………… 119

（一）模型 ………………………………………………… 119

（二）毛坯 ………………………………………………… 119

（三）起始点 ……………………………………………… 120

（四）刀具轨迹 …………………………………………… 121

（五）通用参数设置 ……………………………………… 122

任务二　粗加工方法 ……………………………………… 135

（一）区域式粗加工 ……………………………………… 135

（二）等高线粗加工 ……………………………………… 136

（三）扫描线粗加工 ……………………………………… 139

（四）导动线粗加工 ……………………………………… 141

任务三　精加工方法 ……………………………………… 142

（一）参数线精加工 ……………………………………… 142

（二）等高线精加工 ……………………………………… 144

（三）扫描线精加工 ……………………………………… 146

（四）浅平面精加工 ……………………………………… 148

（五）导动线精加工 ……………………………………… 150

（六）轮廓线精加工 ……………………………………… 153

（七）限制线精加工 ……………………………………… 154

任务四　补加工方法 ……………………………………… 157

（一）等高线补加工 ……………………………………… 157

（二）笔式清根加工 ……………………………………… 158

（三）区域式补加工 ……………………………………… 161

任务五　后置处理 ………………………………………… 163

（一）机床信息 …………………………………………… 163

（二）后置设置 …………………………………………… 169

（三）G代码的生成 ……………………………………… 172

拓展与训练 ………………………………………………… 173

项目五　数控编程实例 …………………………………… 176

任务一　手机模型的造型 ………………………………… 176

（一）学习目的 ……………………………………………… 176

（二）作图步骤 ……………………………………………… 176

任务二　手机模型的加工 …………………………………… 181

（一）学习目的 ……………………………………………… 181

（二）工艺分析 ……………………………………………… 181

（三）具体步骤 ……………………………………………… 182

任务三　香皂模型的造型 …………………………………… 188

（一）学习目的 ……………………………………………… 188

（二）作图步骤 ……………………………………………… 188

任务四　香皂模型的加工 …………………………………… 195

（一）学习目的 ……………………………………………… 195

（二）工艺分析 ……………………………………………… 195

（三）具体步骤 ……………………………………………… 195

拓展与训练 …………………………………………………… 200

**参考文献** …………………………………………………… 202

# 项目一　CAXA 制造工程师应用简介

## 任务一　了解数控加工技术

### （一）数控加工的特点

数控加工，也称为 NC（Numerical Control）加工，是以数值与符号构成的信息控制机床实现自动运转。数控加工经历了半个世纪的发展，已成为应用于当代各个制造领域的先进制造技术。数控加工的最大特征有两个：一是可以极大地提高精度，包括加工质量精度及加工时间误差精度；二是加工质量的可重复性，可以稳定加工质量，保持加工零件质量的一致。也就是说，加工零件的质量及加工时间是由数控程序决定，而不是由机床操作人员决定的。

数控加工具有如下优点：

（1）提高生产效率；

（2）不需熟练的机床操作人员；

（3）提高加工精度并且保持加工质量；

（4）可以减少工装卡具；

（5）可以减少各工序间的周转，原来需要用多道工序完成的工件，用数控加工可以一次装卡完成，缩短加工周期，提高生产效率；

（6）容易进行加工过程管理；

（7）可以减少检查工作量；

（8）可以降低废、次品率；

（9）便于设计变更，加工设定比较柔性；

（10）容易实现操作过程的自动化，一个人可以操作多台机床；

（11）操作容易，极大减轻体力劳动强度。

随着制造设备的数控化率不断提高，数控加工技术在我国得到日益广泛的使用，在模具行业，掌握数控技术与否及加工过程中的数控化率的高低已成为企业是否具有竞争力的象征。数控加工技术应用的关键在于计算机辅助设计和制造（CAD/CAM）系统的质量。

如何进行数控加工程序的编制是影响数控加工效率及质量的关键。传统的手工编程方法复杂、烦琐，易于出错，难于检查，难以充分发挥数控机床的功能。在模具加工中，经常遇到形状复杂的零件，其形状用自由曲面来描述，采用手工编程方法基本上无法编制数控加工程序。近年来，由于计算机技术的迅速发展，计算机的图形处理功能有了很大增强，基于 CAD/CAM 技术进行图形交互的自动编程方法日趋成熟，这种方法速度快、精度高、直观、使用简便和便于检查。CAD/CAM 技术在工业发达国家已得到广泛使用，近年来在国内的应用也越来越普及，成为实现制造业技术进步的一种必然趋势。


## （二）数控加工

数控加工是将待加工零件进行数字化表达，数控机床按数字量控制刀具和零件的运动，从而实现零件加工的过程。

被加工零件采用线架、曲面、实体等几何体来表示，CAM 系统在零件几何体基础上生成刀具轨迹，经过后置处理生成加工代码，将加工代码通过传输介质传给数控机床，数控机床按数字量控制刀具运动，完成零件加工。其过程如以下箭头所示：

【零件信息】→【CAD 系统造型】→【CAM 系统生成加工代码】→【数控机床】→【零件】

1. 零件数据准备：通过系统自身的设计和造型功能或通过数据接口传入 CAD 数据，如 STEP、IGES、SAT、DXF、X－T 等。在实际的数控加工中，零件数据不仅仅来自图纸，特别在广泛采用 Internet 的今天，零件数据往往通过测量或标准数据接口传输等方式得到。

2. 确定粗加工、半精加工和精加工方案。

3. 生成各加工步骤的刀具轨迹。

4. 刀具轨迹仿真。

5. 后置输出加工代码。

6. 输出数控加工工艺技术文件。

7. 传给机床实现加工。

# 任务二　自动编程基础知识

## （一）自动编程的概念

前面介绍了数控编程中的手工编程，当零件形状比较简单时，可以采用这种方法进行加工程序的编制。但是，随着零件复杂程度的增加，数学计算量、程序段数目也将大大增加，这时如果单纯依靠手工编程将极其困难，甚至是不可能完成的。于是人们发明了一种软件系统，它可以代替人来完成数控加工程序的编制，这就是自动编程。

自动编程的特点是编程工作主要由计算机完成。在自动编程方式下，编程人员只需采用某种方式输入工件的几何信息，以及工艺信息，计算机就可以自动完成数据处理、编写零件加工程序、制作程序信息载体，以及程序检验的工作，而无需人的参与。在目前的技术水平下，分析零件图纸，以及工艺处理仍然需要人工来完成，但随着技术的进步，将来的数控自动编程系统将从只能处理几何参数发展到能够处理工艺参数，即按加工的材料、零件几何尺寸、公差等原始条件，自动选择刀具、决定工序和切削用量等数控加工中的全部信息。

## （二）自动编程的分类

自动编程技术发展迅速，至今已形成的种类繁多。这里仅介绍三种常见的分类方法。

### 1. 按使用的计算机硬件种类划分

可分为：微机自动编程、小型计算机自动编程、大型计算机自动编程、工作站自动编程、依靠机床本身的数控系统进行自动编程。

### 2. 按程序编制系统（编程机）与数控系统的紧密程度划分

（1）离线自动编程与数控系统相脱离，采用独立机器进行程序编制工作称为离线自动编程。其特点是可为多台数控机床编程，功能多而强，编程时不占用机床工作时间。随着计算机硬件价格的下降，离线编程将是未来的趋势。

（2）在线自动编程数控系统不仅用于控制机床，而且用于自动编程，称为在线自动编程。

### 3. 按编程信息的输入方式划分

（1）语言自动编程：这是在自动编程初期发展起来的一种编程技术。语言自动编程的基本方法是：编程人员在分析零件加工工艺的基础上，采用编程系统所规定的数控语言，对零件的几何信息、工艺参数、切削加工时刀具、工件的相对运动轨迹和加工过程进行描述，形成所谓"零件源程序"。然后，把零件源程序输入计算机，由存于计算机内的数控编程系统软件自动完成机床刀具运动轨迹数据的计算、加工程序的编制和控制介质的制备（或加工程序的输入）、所编程序的检查等工作。

（2）图形自动编程：这是一种先进的自动编程技术，目前很多CAD/CAM 系统都采用这种方法。在这种方法中，编程人员直接输入各种图形要素，从而在计算机内部建立起加工对象的几何模型，然后编程人员在该模型上进行工艺规划、选择刀具、确定切削用量，以及走刀方式，之后由计算机自动完成机床刀具运动轨迹数据的计算、加工程序的编制和控制介质的制备（或加工程序的输入）等工作。此外，计算机系统还能够对所生成的程序进行检查与模拟仿真，以消除错误，减少试切。

（3）其他输入方式的自动编程：除了前面两种主要的输入方式

外，还有语音自动编程和数字化技术自动编程两种方式。语音自动编程是指采用语音识别技术，直接采用音频数据作为自动编程的输入。使用语音编程系统时，操作人员使用记录在计算机内部的词汇，通过话筒将所要进行的操作讲给编程系统，编程系统自会产生加工所需程序。数字化自动编程是指通过三坐标测量机，对已有零件或实物模型进行测量，然后将测得的数据直接送往数控编程系统，将其处理成数控加工指令，形成加工程序。

### （三）自动编程的发展

数控加工机床与编程技术两者的发展是紧密相关的。数控加工机床的性能提升推动了编程技术的发展，而编程手段的提高也促进了数控加工机床的发展，二者相互依赖。现代数控技术下在向高精度、高效率、高柔性和智能化方向发展，而编程方式也越来越丰富。

数控编程可分为机内编程和机外编程。机内编程指利用数控机床本身提供的交互功能进行编程，机外编程则是脱离数控机床本身在其他设备上进行编程。机内编程的方式随机床的不同而异，可以"手工"方式逐行输入控制代码（手工编程）、交互方式输入控制代码（会话编程）、图形方式输入控制代码（图形编程），甚至可以语音方式输入控制代码（语音编程）或通过高级语言方式输入控制代码（高级语言编程）。但机内编程一般来说只适用于简单形体，而且效率较低。机外编程也可以分成手工编程、计算机辅助 APT 编程和 CAD/CAM 编程等方式。机外编程由于其可以脱离数控机床进行数控编程，相对机内编程来说效率较高，是普遍采用的方式。随着编程技术的发展，机外编程处理能力不断增强，已可以进行十分复杂形体的灵敏控制加工编程。

在 20 世纪 50 年代中期，MIT 伺服机构实验室实现了自动编程，并公布了其研究成果，即 APT 系统。60 年代初，APT 系统得到发展，可以解决三维物体的连续加工编程，以后经过不断的发展，具有了雕塑曲面的编程功能。APT 系统所用的基本概念和基本思想，对于自动编程技术的发展具有深远的意义，即使目前，大多数自动编程系统也在沿用其中的一些模式，如编程中的三个控制面：零件面（PS）、导动面（DS）、检查面（CS）的概念，刀具与检查面的 ON、TO、PAST 关系等。

随着微电子技术和 CAD 技术的发展，自动编程系统也逐渐过渡到以图形交互为基础的与 CAD 集成的 CAD/CAM 系统为主的编程方法。与以前的语言型自动编程系统相比，CAD/CAM 集成系统可以提供单一准确的产品几何模型，几何模型的产生和处理手段灵活、多样、方便，可以实现设计、制造一体化。

虽然数控编程的方式多种多样，毋庸置疑，目前占主导地位的是采用 CAD/CAM 数控编程系统进行编程。

# 任务三　CAD/CAM 系统简介

## （一）CAD/CAM 的数控自动编程的基本步骤

目前，基于 CAD/CAM 的数控自动编程的基本步骤如图 1—1 所示。

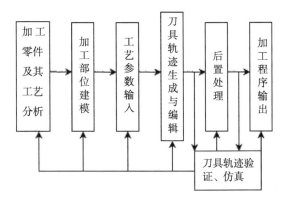

图 1—1

1. 加工零件及其工艺分析

加工零件及其工艺分析是数控编程的基础。所以，和手工编程、APT 语言编程一样，基于 CAD/CAM 的数控编程也首先要进行这项工作。在目前计算机辅助工艺过程设计（CAPP）技术尚不完善的情况下，该项工作还需人工完成。随着 CAPP 技术及机械制造集成技术（CIMS）的发展与完善，这项工作必然为计算机所代替。加工零件及其工艺分析的主要任务有：①零件几何尺寸、公差及精度要求的核准；②确定加工方法、工夹量具及刀具；③确定编程原点及编程坐标；④确定走刀路线及工艺参数。

2. 加工部位建模

加工部位建模是利用 CAD/CAM 集成数控编程软件的图形绘制、编辑修改、曲线曲面及实体造型等功能将零件被加工部位的几何形状准确绘制在计算机屏幕上，同时在计算机内部以一定的数据结构对该图形加以记录。加工部位建模实质上是人将零件加工部位的相关信息提供给计算机的一种手段，它是自动编程系统进行自动编程的依据和基础。随着建模技术及机械集成技术的发展，将来的数控编程软件将可以直接从 CAD 模块获得相关信息，而无须对加工部位再进行建模。

3. 工艺参数输入

在本步骤中，将利用编程系统的相关菜单与对话框等，将第一步分析的一些与工艺有关的参数输入到系统中。所需输入的工艺参数有：刀具类型、尺寸与材料；切削用量（主轴转速、进给速度、切削深度及加工余量）；毛坯信息（尺寸、材料等）；其他信息（安全平面、线性逼近误差、刀具轨迹间的残留高度、进退刀方式、走刀方式、冷却方式等）。当然，对于某一加工方式而言，可能只要求其中的部分工艺参数。随着 CAPP 技术的发展，这些工艺参数可以直接由 CAPP 系统来给出，这时工艺参数的输入这一步也就可以省掉了。

4. 刀具轨迹生成及编辑

完成上述操作后，编程系统将根据这些参数进行分析判断，自动完成有关基点、节点的计算，并对这些数据进行编排形成刀位数据，存入指定的刀位文件中。

刀具轨迹生成后，对于具备刀具轨迹显示及交互编辑功能的系统，还可以将刀具轨迹显示出来，如果有不太合适的地方，可以在人工交互方式下对刀具轨迹进行适当的编辑与修改。

5. 刀位轨迹验证与仿真

对于生成的刀位轨迹数据，还可以利用系统的验证与仿真模块检查其正确性与合理性。所谓刀具轨迹验证（Cldata Check 或 NC Verification）是指利用计算机图形显示器把加工过程中的零件模型、刀具轨迹、刀具外形一起显示出来，以模拟零件的加工过程，检查刀具轨迹是否正确、加工过程是否发生过切，所选择的刀具、走刀路线、进退刀方式是否合理、刀具与约束面是否发生干涉与碰撞。而仿真是指在计算机屏幕上，采用真实感图形显示技术，把加工过程中的零件模型、机床模型、夹具模型及刀具模型动态显示出来，模拟零件的实际加工过程。仿真过程的真实感较强，基本上具有试切加工的验证效果（对于由于刀具受力变形、刀具强度及韧性不够等问题仍然无法达到试切验证的目标）。

6. 后置处理

与 APT 语言自动编程一样，基于 CAD/CAM 的数控自动编程也需要进行后置处理，以便将刀位数据文件转换为数控系统所能接受的数控加工程序。

7. 加工程序输出

对于经后置处理而生成的数控加工程序，可以利用打印机打印出清单，供人工阅读；还可以直接驱动纸带穿孔机制作穿孔纸带，提供给有读带装置的机床控制系统使用。对于有标准通信接口的机床控制系统，还可以与编程计算机直接联机，由计算机将加工程序直接送给机床控制系统。

## （二）CAD/CAM 的数控自动编程系统关键技术概述

### 1. 零件建模（造型）

零件建模是属于 CAD 范畴的一个概念。它大致研究三个方面的内容：①零件模型如何输入计算机；②零件模型在计算机内部的表示方法（存储方法）；③如何在计算机屏幕上显示零件。

根据零件模型输入、存储及显示方法的不同，现有的零件模型大致有四大类：①线框模型：通过输入、存储及显示构成零件的各个边来表示零件。其优点是数据量小、运算简单、对硬件要求低；缺点是描述能力有限，个别图形的含义不唯一。这种模型主要应用于工厂车间的布局、运动机构的模拟与干涉检查、加工中刀具轨迹的显示，也可用于建模过程的快速显示。②表面模型：通过输入、存储及显示构成零件表面的各个面及面上的各个边来表示零件。同线框模型相比，表面模型能精确表示零件表面的形状，信息更加完整，因而可以表示很多用线框模型无法表示的零件。但由于表面模型仅能描述零件表面情况，而无法描述零件内部情况，信息仍然是不完备的。利用表面模型可以进行消隐与渲染从而生成真实感图形。该模型可用于有限元网格划分及数控自动编程过程。③实体模型：通过将零件看成实心物体来描述零件。实体模型可以完备地表达物体的几何信息，因而广泛应用于 CAD/CAM、建筑效果图、影视动画、电子游戏等各个行业。但实体模型对工程至关重要的工艺信息却还没有涉及。④特征模型：通过具有工程意义的单元（如孔、槽等）构建表达零件模型的一种方法。该方法在 20 世纪 80 年代后期获得了广泛接受与研究，是一种全新的、划时代的模型方法。对于零件设计者而言，机械零件的设计不再面向点、线、面等几何元素，而是具有特定功能的单元。而特征模型不仅可以完备表达零件的几何与拓扑信息，而且还包含精度、材料、技术要求等信息，从而使零件工艺设计、制造的自动化成为可能。需要指出的是，四种模型之间是有一定关系的：从线框模型到特征模型是一个表达信息不断完善的过程。低级模型是高级模型的基础，高级模型是低级模型的发展。

适合数控编程的模型主要是表面模型、实体模型及特征模型。现有技术条件下，应用最广泛的是表面模型，以表面模型为基础的 CAD/CAM 集成数控编程系统习惯称为图像数控编程系统。在以表面模型为基础的数控编程系统中，其零件的设计功能（或几何造型功能）是专为数控编程服务的，针对性强，易于使用，典型系统有 MasterCAM、SurfCAM 等。基于实体模型的数控编程较为复杂，由于实体模型并非专为数控编程所设计，为了用于数控编程，往往需对实体模型进行加工表面（或区域）的识别并进行工艺规划，最后才可以进行数控编程。特征模型的引入可以实现工艺分析设计的自动化，但特征模型尚处于研究之中，其成功应用于数控编程还需时日。

2. 刀具轨迹生成与编辑

刀具轨迹的生成一般包括走刀轨迹的安排、刀位点的计算、刀位点的优化与编排等三个步骤。编程系统对于刀具轨迹的具体处理一般分为二维轮廓加工、腔槽加工、曲面加工、多坐标曲面加工及车削加工等情况分别进行处理。下面仅介绍常用的前三种加工刀具轨迹的生成方法。

（1）二维轮廓加工。对于二维轮廓加工，一般需要先在计算机中绘制出轮廓线，然后选择有序化串联方式将各轮廓线首尾相连，再定义进退刀方式及各基本参数（如粗精加工次数、步进距离等），系统即可以完成二维轮廓走刀轨迹的生成。

（2）腔槽加工。腔槽加工走刀轨迹的生成一般分粗加工与精加工两种。精加工一般较简单，只需沿型腔底面和轮廓走刀，精铣型腔底面和边界外形即可。粗加工一般有两种生成方式可供用户选择：行切方式与环切方式（图1-2和图1-3）。如图所示：行切方式加工时，首先使用者需提供走刀路线的角度（与X轴的夹角）及走刀方式是单向还是双向、每一层粗加工的深度及型腔实际深度。之后，使用者还需指定腔槽的边界。编程系统根据这些信息，首先计算边界（含岛屿边界）的等距线，该等距线距离边界轮廓的距离为精加工余量。然后从刀具路径方向与轮廓等距线的第一个切线切点开始逐行计算每一条行切刀具轨迹线与等距线的交点，生成各切削行的刀具轨迹线段。最后，从第一条刀具轨迹线开始，按照走刀方式，将各个刀具轨迹线按照一定方法相连就形成了所需的刀具运动轨迹。环切加工一般沿型腔边界走等距线，其优点是铣刀的切削方式不变（顺铣或逆铣）。用环切法加工时，编程系统的计算方法是：按一定偏置距离对型腔轮廓的每一条边界曲线分别计算等距线。然后，通过对各个等距线进行必要的裁剪或延伸并进行一定的有效性检测以判断是否与岛屿或边界轮廓干涉，从而连接形成封闭等距线。最后，将各个封闭等距线相连，就构成了所需刀具轨迹。

图1—2　　　　　　　　　图1—3

（3）曲面加工。曲面加工相对较为复杂，目前常用的刀具轨迹生成方法有参数线法、截面法、投影法等三种方法。

①参数线法的基本思想：任何一个曲面都可以写成参数方程 $[x，y，z] = [fx（u，v），fy（u，v），fz（u，v）]$ 的形式。当 u 或 v 中某一个为常数时，形成空间的一条曲线。采用参数线法加工时，选择一个参数方向为切削行的走刀方向，另外一个参数方向为切削行的进给方向，通过一行行的切削最终生成整个刀具轨迹。参数线法计算简单，速度快，是曲面数控加工编程系统主要采用的方法，但当加工曲面的参数线不均匀时会造成刀具轨迹也不均匀，加工效率不高。

②截面法加工的基本思想：采用一组截面（可以是平面，也可以是回转柱面）去截取加工表面，截出一系列交线，将来刀具与加工表面的切触点就沿着这些交线运动，通过一定方法将这些交线连接在一起，就形成最终的刀具轨迹。截面法主要适用于曲面参数线分布不太均匀及由多个曲面形成的组合曲面的加工。

③投影法的基本思路：将一组事先定义好的曲线（也称导动曲线）或轨迹投影到曲面上，然后将投影曲线作为刀触点轨迹，从而生成曲面的加工轨迹。投影法常用来处理其他方法难以获得满意效果的组合曲面和曲面型腔的加工。

（4）刀具轨迹的编辑。对于很多复杂曲面零件及模具而言，刀具轨迹计算完成后，都需要对刀具轨迹进行编辑与修改。这是因为：在零件模型的构造过程中，往往处于某种考虑对待加工表面及约束面进行延伸并构造辅助面，从而使生成的刀具轨迹超出加工表面范围，需要进行裁剪和编辑；由于生成的曲面不光滑，刀位点会出现异常，需对刀位点进行修改；采用的走刀方式经检验不合理，需改变走刀方式等，都需进行刀具轨迹的编辑。

刀具轨迹的编辑一般分为文本编辑和图形编辑两种。文本编辑是编程员直接利用任何一个文本编辑器对生成的刀位数据文件进行编辑与修改。图形编辑方式则是在快速生成的刀具轨迹图形上直接修改。目前基于 CAD/CAM 的自动编程系统均采用了后一种方法。刀具轨迹编辑一般包括刀位点、切削段、切削行、切削块的删除、拷贝、粘贴、插入、移动、延伸、修剪、几何变换，刀位点的匀化，走刀方式变化时刀具轨迹的重新编排以及刀具轨迹的加载与存储等。

（5）刀位轨迹的验证。目前，刀具轨迹验证的方法较多，常见的有显示验证、截面法验证、数值距离验证和加工过程动态仿真验证四种方法。

①显示验证：将生成的刀位轨迹、加工表面与约束面及刀具在计算机屏幕上显示出来，以便编程员判断所生成刀具轨迹的正确性

与合理性。根据显示内容的不同，又有刀具轨迹显示验证、加工表面与刀位轨迹的组合显示验证及组合模拟显示验证三种。刀具轨迹显示验证就是在计算机屏幕上仅仅显示生成的刀具轨迹，以便编程员判断刀具轨迹是否连续，检查刀位计算是否正确；加工表面与刀位轨迹的组合显示验证就是将刀具轨迹与加工表面一起显示在计算机屏幕上，从而使编程员可以进一步判断刀具轨迹是否正确，走刀路线、进退刀方式是否合理。组合模拟显示验证就是在计算机屏幕上同时显示刀位轨迹、刀具和加工表面及约束面并进行消隐处理。其作用是进一步检查刀具轨迹是否正确。

②截面法验证：先构造一个截面，然后求该截面与待验证的刀位点上刀具外形表面、加工表面及其约束面的交线，构成一幅截面图在计算机屏幕上显示出来，从而判断所选择的刀具是否合理，检查刀具与约束面是否发生干涉与碰撞，加工过程是否存在过切。根据所用截面的不同，截面法验证又可以分为横截面验证、纵截面验证及曲截面验证。如果所取截面为平面且大致垂直于刀具轴线方向，则为横截面验证；如果所取截面为平面且通过刀具轴线，则为纵截面验证；如果所取截面为曲面，则为曲截面验证。

③数值距离验证：一种定量验证方法。它通过不断计算刀具表面和加工表面及约束面之间的距离，来判断是否发生过切与干涉。

④加工过程动态仿真验证：通过在计算机屏幕上模仿加工过程来进行验证。现代数控加工过程的动态仿真验证的典型方法有两种：一种是只显示刀具模型和零件模型的加工过程动态仿真，典型代表有 UGII CAD/CAM 集成系统中的 Vericut 动态仿真工具和 Master-CAM 系统的 N－See 动态仿真工具；另一种是同时显示刀具模型、零件模型、夹具模型和机床模型的机床仿真系统，典型的代表有 UGII CAD/CAM 集成系统中的 Unisim 机床仿真工具。随着虚拟现实技术的引入和刀具、零件、夹具和机床模型的完善（特别是力学及材料模型的建立与完善），加工过程动态仿真将更加逼真准确，完

全可以取代试切环节，从而提高效率、降低成本。

3. 后置处理

上述生成的刀位文件还不能用于数控加工，还需要将刀位文件转化为特定机床所能执行的数控程序，这就是后置处理。为什么不让自动编程中刀位轨迹计算模块直接生成为数控加工程序呢？这是因为不同数控系统对数控代码的定义、格式有所不同。因此，配备不同的后置处理程序，就可以使计算机一次计算的结果使用于多个数控系统。

后置处理系统可分为专用后置处理系统和通用后置处理系统。

（1）专用后置处理系统是针对专用数控系统和特定数控机床而开发的后置处理程序。一般而言，不同数控系统和机床需要不同的专用后置处理系统，因而一个通用编程系统往往需要提供大量的专用后置处理程序。由于这类后置处理程序针对性强，程序结构比较简单，实现起来比较容易，因此在过去的数控编程系统中比较常见，现在在一些专用系统中仍然被普遍使用。

（2）通用后置处理系统是指能针对不同类型的数控系统的要求，将刀位原文件进行处理生成数控程序的后置处理程序。使用通用后置处理时，用户首先需要编制数控系统数据文件（NDF）或机床数据文件（MDF）以便将数控系统或数控机床信息提供给编程系统。之后，将满足标准格式的刀位原文件和 NDF 或 MDF 输入到通用后置处理系统中，后置处理系统就可以产生符合该数控系统指令及格式的数控程序。NDF 或 MDF 可以按照系统给定的格式手工编写，也可以以对话形式——回答系统提出的问题，然后由系统自动生成。有些后置处理系统也提供市场上常见的各种数控系统的数据文件。特别要说明的是目前国际上流行的商品化 CAD/CAM 系统中刀位原文件格式都符合 IGES 标准，它们所带的通用后置处理系统具有一定的通用性。

# 任务四　认识 CAXA 制造工程师软件

## （一）CAXA 制造工程师简介

20 世纪 90 年代以前，市场上销售的 CAD/CAM 软件基本上为国外的软件系统。90 年代以后国内在 CAD/CAM 技术研究和软件开发方面进行了卓有成效的工作，尤其是 PC 机动性平台的软件系统，其功能已能与国外同类软件相当，并在操作性、本地化服务方面具有优势。

一个好的数控编程系统，已经不仅仅是绘图，做轨迹，出加工代码，它还是一种先进的加工工艺的综合，先进加工经验的记录、继承和发展。

北航海尔软件公司经过多年来的不懈努力，推出了 CAXA 制造工程师数控编程系统。这套系统集 CAD、CAM 于一体，功能强大、易学易用、工艺性好、代码质量高，现在已经在全国上千家企业使用，并受到好评，不但降低了投入成本，而且提高了经济效益。CAXA 制造工程师数编程系统，现正在一个更高的起点上腾飞。

## （二）CAXA 制造工程师 CAD/CAM 系统进行自动编程的基本步骤

CAM 系统的编程基本步骤如下：理解二维图纸或其他的模型数据——建立加工模型或通过数据接口读入——确定加工工艺（装卡、刀具等）——生成刀具轨迹——加工仿真——产生后置代码——输出加工代码。

下面对以上要点分别予以说明。

1. 关于加工工艺确定

加工工艺的确定目前主要依靠人工进行，其主要内容有：核准加工零件的尺寸、公差和精度要求，确定装夹位置，选择刀具，确定加工路线，选定工艺参数。

2. 关于加工模型建立

利用 CAM 系统提供的图形生成和编辑功能将零件的被加工部位绘

制于计算机屏幕上，作为计算机自动生成刀具轨迹的依据。加工模型的建立是通过人机交互方式进行的。被加工零件一般用工程图的形式表达在图纸上，用户可根据图纸建立三维加工模型。针对这种需求，CAM 系统应提供强大的几何建模功能，不仅应能生成常用的直线和圆弧，还应提供复杂的样条曲线、组合曲线、各种规则的和不规则的曲面等的造型方法，并提供过渡、裁剪、几何变换等编辑手段。

被加工零件数据也可能由其他 CAD/CAM 系统传入，因此CAM 系统针对此类需求应提供标准的数据接口，如 DXF、IGES、STEP 等。由于分工越来越细，企业之间的协作越来越频繁，这种形式目前越来越普遍。

被加工零件的外形不可能是由测量机测量得到，针对此类的需求，CAM 系统应提供读入测量数据的功能，按一定的格式给出的数据，系统自动生成零件的外形曲面。

3. 关于刀具轨迹生成

建立了加工模型后，即可利用 CAXA 制造工程师系统提供的多种形式的刀具轨迹生成功能进行数控编程。CAXA 制造工程师中提供了十余种加工轨迹生成的方法。用户可以根据所要加工工件的形状特点、不同的工艺要求和精度要求，灵活地选用系统中提供的各种加工方式和加工参数等，方便快速地生成所需要的刀具轨迹即刀具的切削路径。CAXA 制造工程师在研制过程中深入工厂车间并有自己的实验基地，它不仅集成了北航多年科研方面的成果，也集成了工厂中的加工工艺经验，它是二者的完美结合。在 CAXA 制造工程师中做刀具轨迹，已经不是一种单纯的数值计算，而是工厂中数控加工经验的生动体现，也是你个人加工经验的积累、他人加工经验的继承。

为满足特殊的工艺需要，CAXA 制造工程师能够对已生成的刀具轨迹进行编辑。CAXA 制造工程师还可通过模拟仿真检验生成的刀具轨迹的正确性和是否有过切产生，并可通过代码校核，用图形方法检验加工代码的正确性。

4. 关于后置代码生成

在屏幕上用图形形式显示的刀具轨迹要变成可以控制机床的代码，需进行所谓后置处理。后置处理的目的是形成数控指令文件，也就是经常说的 G 代码程序或 NC 程序。CAXA 制造工程师提供的后置处理功能是非常灵活的，它可以通过用户自己修改某些设置而适用各自的机床要求。用户按机床规定的格式进行定制，即可方便地生成和特定机床相匹配的加工代码。

5. 关于加工代码输出

生成数控指令之后，可通过计算机的标准接口与机床直接连通。CAXA 制造工程师可以提供我们自己开发的通信软件，完成通过计算机的串口或并口与机床连接，将数控加工代码传输到数控机床，控制机床各坐标的伺服系统以驱动机床。

随着我们国家加工制造业的迅猛发展，数控加工技术得到空前广泛的应用，CAXA 的 CAD/CAM 软件得到了日益广泛的普及和应用。

## （三）CAXA 制造工程师软件界面介绍

制造工程师的用户界面是全中文界面，和其他 Windows 风格的软件一样，各种应用功能通过菜单和工具条驱动；状态栏指导用户进行操作并提示当前状态和所处位置；特征树记录了历史操作和相互关系；绘图区显示各种功能操作的结果；同时，绘图区和特征树为用户提供了数据的交互的功能。

制造工程师工具条中每一个按钮都对应一个菜单命令，单击按钮和单击菜单命令是完全一样的，如图 1－4 所示。

1. CAXA 制造工程师的绘图区

绘图区是进行绘图设计的工作区域，如图 1－4 所示的空白区域。它们位于屏幕的中心，并占据了屏幕的大部分面积。广阔的绘图区为显示全图提供了清晰的空间。

在绘图区的中央设置了一个三维直角坐标系，该坐标系称为世界坐标系。它的坐标原点为（0.0000，0.0000，0.0000）。在操作过程中的所有坐标均以此坐标系的原点为基准。

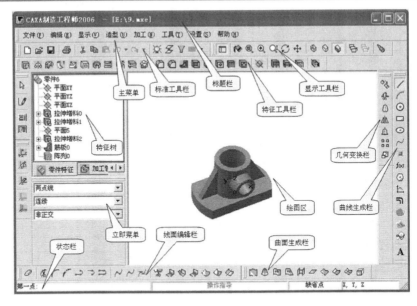

图 1—4

2. CAXA 制造工程师的主菜单

主菜单是界面最上方的菜单条，单击菜单条中的任意一个菜单项，都会弹出一个下拉式菜单，指向某一个菜单项会弹出其子菜单。菜单条与子菜单构成了下拉主菜单，如图 1—5 所示。

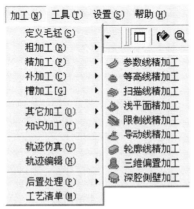

图 1—5

主菜单包括文件、编辑、显示、造型、加工、工具、设置和帮助。每个部分都含有若干个下拉菜单。

单击主菜单中的"造型",指向下拉菜单中的"曲线生成",然后单击其子菜单中的"直线",界面左侧会弹出一个立即菜单,并在状态栏显示相应的操作提示和执行命令状态。对于立即菜单和工具菜单以外的其他菜单来说,某些菜单选项要求以对话的形式予以回答。用鼠标单击这些菜单时,系统会弹出一个对话框,可根据当前操作做出响应。

3. CAXA制造工程师的立即菜单

立即菜单描述了该项命令执行的各种情况和使用条件。根据当前的作图要求,正确地选择某一选项,即可得到准确的响应。图1—4中显示的是画直线的立即菜单。

在立即菜单中,用鼠标选取其中的某一项(如"两点线"),便会在下方出现一个选项菜单或者改变该项的内容。

4. CAXA制造工程师的快捷菜单

光标处于不同的位置,按鼠标右键会弹出不同的快捷菜单。熟练使用快捷菜单,可以提高绘图速度。

将光标移到特征树中XY、YZ、ZX三个基准平面上,按右键,弹出快捷菜单,如图1—6(a)所示。

将光标移到绘图区中的实体上,单击实体,按右键,弹出快捷菜单,如图1—6(b)所示。

将光标移到特征树的草图上,按右键,弹出快捷菜单如图1—6(c)所示。

将光标移到到特征树中的特征上,按右键,弹出快捷菜单,如图1—6(d)所示。

在非草图状态下,将光标移到绘图区中的草图上,单击曲线,按右键,弹出快捷菜单,如图1—6(e)所示。

在草图状态下,拾取草图曲线,按右键,弹出快捷菜单,如图1—6(f)所示。

在空间曲线、曲面上选中曲线或者加工轨迹曲线,然后单击鼠标右键,弹出快捷菜单,如图1—6(g)所示。

在任意菜单空白处，单击右键，弹出快捷菜单，如图 1－6（h）所示。

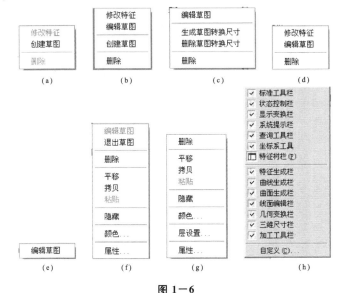

图 1－6

5. CAXA 制造工程师的对话框

某些菜单选项要求用户以对话的形式予以回答，单击这些菜单时，系统会弹出一个对话框，如图1－7所示，用户可根据当前操作做出响应。

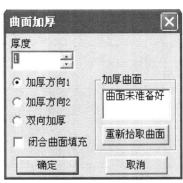

图 1－7

6. CAXA 制造工程师的工具条

在工具条中，可以通过鼠标左键单击相应的按钮进行操作。工具条可以自定义，界面上的工具条包括标准工具、显示工具、状态工具、曲线工具、几何变换、线面编辑、曲面工具、特征工具、加工工具和坐标系工具。

（1）标准工具。标准工具包含标准的"打开文件""打印文件"等 Windows 按钮，也有制造工程师的"线面可见""层设置""拾取过滤设置""当前颜色"按钮，如图 1－8 所示。

图 1－8

（2）显示工具。显示工具包含"缩放""移动""视向定位"等选择显示方式的按钮，如图 1－9 所示。

图 1－9

（3）状态工具。状态工具包含"终止当前命令""草图状态开关""启动电子图板""数据接口"功能，如图 1－10 所示。

图 1－10

（4）曲线工具。曲线工具包含"直线""圆弧""公式曲线"等丰富的曲线绘制工具，如图 1－11 所示。

图 1－11

（5）几何变换。几何变换包含"平移""镜像""旋转""阵列"等几何变换工具，如图 1－12 所示。

图 1—12

(6) 线面编辑。线面编辑包含了曲线的裁剪、过渡、拉伸和曲面的裁剪、过渡、缝合等编辑工具，如图 1—13 所示。

图 1—13

(7) 曲面工具。曲面工具包含"直纹面""旋转面""扫描面"等曲面生成工具，如图 1—14 所示。

图 1—14

(8) 特征工具。特征工具包含"拉伸""导动""过渡""阵列"等丰富的特征造型手段，如图 1—15 所示。

图 1—15

(9) 加工工具。加工工具包含"粗加工""精加工""补加工"等 23 种加工功能，如图 1—16 所示。

图 1—16

(10) 坐标系工具。坐标系工具包含"创建坐标系""激活坐标系""删除坐标系""隐藏坐标系"等功能，如图 1—17 所示。

图 1—17　坐标系工具

**（四）CAXA 制造工程师的基本操作**

1. 文件管理

CAXA 制造工程师为用户提供了功能齐全的文件管理系统，其中包括文件的建立与存储、文件的打开与并入、视图的读入与输出等。用户使用这些功能可以灵活、方便地对原有文件或屏幕上的绘图信息进行管理。有序的文件管理环境既方便了用户的使用，又提高了绘图工作的效率。

文件管理功能通过主菜单中的"文件"下拉菜单来实现。选取该菜单项，系统弹出一个下拉菜单，如图 1—18 所示。

选取相应的菜单项，即可实现对文件的管理操作。

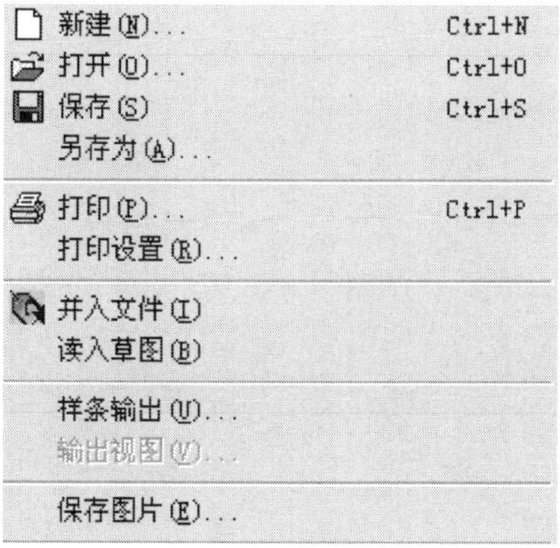

| | | |
|---|---|---|
| 新建 (N)... | | Ctrl+N |
| 打开 (O)... | | Ctrl+O |
| 保存 (S) | | Ctrl+S |
| 另存为 (A)... | | |
| 打印 (P)... | | Ctrl+P |
| 打印设置 (R)... | | |
| 并入文件 (I) | | |
| 读入草图 (B) | | |
| 样条输出 (U)... | | |
| 输出视图 (V)... | | |
| 保存图片 (E)... | | |

图 1—18

（1）新建。单击"文件"下拉菜单中的"新建"命令，或者直接单击"标准"工具条中的按钮，可建新的图形文件。建立一个新文件后，用户就可以用图形绘制和实体造型等各项功能进行各种操作了。

（2）打开。打开一个已有的制造工程师存储的数据文件，并为非制造工程师的数据文件格式提供相应接口，使在其他软件上生成的文件也可以通过此接口转换成制造工程师的文件格式，并进行处理。

在制造工程师中可以读入 ME 数据文件 mxe，零件设计数据文件 epb，ME1.0、ME2.0 数据文件 csn、Parasolid x＿t 文件，Parasolid x＿b 文件，DXF 文件，IGES 文件和 DAT 数据文件。

①单击"文件"下拉菜单中"打开"，或者直接单击 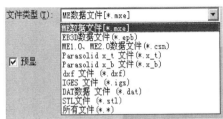 按钮，弹出"打开"文件对话框，如图 1—19 所示。

图 1—19

②选择相应的文件类型并选中要打开的文件名，单击"打开"按钮，如图 1—19 所示。

在"打开"文件对话框中，选择"使用压缩方式存储文件"复选框，将文件进行压缩后存储，容量比不压缩时要小；选择"预显"复选框，可以预览所绘制的图形的形状，如图 1—20 所示。

（3）保存。将当前绘制的图形以文件形式存储到磁盘上。

①单击"文件"下拉菜单中的"保存"，或者直接单击 按钮，如果当前没有文件名，则系统弹出一个存储文件对话框。

②在对话框的"文件名"文本框中输入一个文件名，单击"保存"，系统即按所给文件名存盘。文件类型可以选用 ME 数据文件 mex、EB3D 数据文件 epb、Parasolid x＿t 文件、Parasolid x＿b 文件、DXF 文件、IGES 文件、VRML 数据文件、STL 数据文件和 EB97 数据文件。

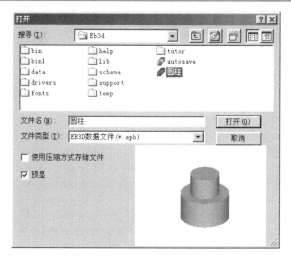

**图 1—20**

③如果当前文件名存在，则系统直接按当前文件名存盘。

经常把结果保存起来是一个好习惯。这样可以避免因发生意外而造成成果丢失。

（4）另存为。将当前绘制的图形另取一个文件名存储到磁盘上。

①单击"文件"下拉菜单中的"另存为"，系统弹出一个文件存储对话框。

在对话框的"文件名"文体框内输入一个文件名，单击"保存"，系统会将文件另存为所给文件名。

②"保存"和"另存为"中的 EB97 格式，只有线框显示下的实体轮廓能够输出。

（5）并入文件。并入一个实体或者线面数据文件（DAT、IG-ES、dxf），与当前图形合并为一个图形。具体操作和参数解释参见造型菜单的特征生成中的实体布尔运算。

**注意**：①采用"拾取定位的 x 轴"方式时，轴线为空间直线。

②选择文件时，注意文件的类型，不能直接输入 ＊.mxe、＊.epb文件，先将零件存成 ＊.x_t 文件，然后进行并入文件操作。

③进行并入文件时，基体尺寸应比输入的零件稍大。

（6）读入草图。将已有的二维图作为草图读入到制造工程师中。首先选取草图平面，进入草图。单击"文件"下拉菜单"读入草图"，状态栏中提示"请指定草图的插入位置"，用光标拖动图形到某点，单击鼠标左键，草图读入结束。此操作要在草图绘制状态下进行，否则出现警告"必须选择一个绘制草图的平面或已绘制的草图"。

（7）保存图片。将制造工程师的实体图形导出为类型为 bmp 的图像。

①单击"文件"下拉菜单中"保存图片"，弹出"输出位图文件"对话框，如图 1－21 所示。

②单击浏览按钮，弹出另存为对话框，选择路径，给出文件名，单击保存按钮，另存为对话框关闭，回到输出位图文件对话框。

③选择是否需要固定纵横比和图像大小的宽度和高度，单击确定按钮，图像导出完毕。

**图 1－21**

2. 显示

CAXA 制造工程师为用户提供了绘制图形的显示命令，它们只改变图形在屏幕上显示的位置、比例、范围等，不改变原图形的实际尺寸。图形的显示控制对绘制复杂视图和大型图纸具有重要作用，在图形绘制和编辑过程中也要经常使用。

单击主菜单中的"显示"弹出"显示变换"菜单项，在该菜单右侧弹出子菜单项，如图1-22所示。

图1-22

（1）显示重画刷新当前屏幕所有图形。经过一段时间的图形绘制和编辑，屏幕绘图区中难免留下一些擦除痕迹，或者使一些有用图形上产生部分残缺。这些由于编辑后而产生的屏幕垃圾，虽然不影响图形的输出结果，但影响屏幕的美观。使用重画功能，可对屏幕进行刷新，清除屏幕垃圾，使屏幕变得整洁美观。

① 单击"显示"，指向"显示变换"，单击"显示重画"，或者直接单击"显示"工具条 🖉 按钮。

② 屏幕上的图形发生闪烁，原有图形消失，但立即在原位置把图形重画一遍即实现了该图形的刷新。用户还可以通过F4键使图形显示重画。

（2）显示全部。单击"显示"，指向"显示变换"，单击"显示全部"，或者直接单击 🔍 按钮，将当前绘制的所有图形全部显示在屏幕绘图区内。用户还可以通过F3键使图形显示全部。

（3）显示窗口提示用户输入一个窗口的上角点和下角点，系统将两角点所包含的图形充满屏幕绘图区加以显示。

① 单击主菜单中的"显示",指向"显示变换",单击"显示窗口",或者直接单击显示工具条的 🔍 按钮。

② 按提示要求在所需位置输入显示窗口的第一个角点,输入后十字光标立即消失。此时再移动鼠标时,出现一个由方框表示的窗口,窗口大小可随鼠标的移动而改变。

③ 窗口所确定的区域就是即将被放大的部分,窗口的中心将成为新的屏幕显示中心。在该方式下,不需要给定缩放系数,制造工程师将把给定窗口范围按尽可能大的原则,将选中区域内的图形按充满屏幕的方式重新显示出来。

(4)显示缩放。按照固定的比例将绘制的图形进行放大或缩小。

① 单击主菜单中的"显示",指向"显示变换",单击"显示缩放",或者直接单击 🔍 按钮。

② 按住鼠标右键向左上或者右上方拖动鼠标,图形将跟着鼠标的上下拖动而放大或者缩小。

③ 按住 Ctrl 键,同时按动左右方向键或上下方向键,图形将跟着按键的按动而放大或者缩小。

④ 用户也可以通过 PageUp 或 PageDown 来对图形进行放大或缩小。

(5)显示旋转。将拾取到的零部件进行旋转。

① 单击主菜单中的"显示",指向"显示变换",单击"显示旋转",或者直接单击 🔄 按钮。

② 在屏幕上选取一个显示中心点,拖动鼠标左键,系统立即将该点作为新的屏幕显示中心,将图形重新显示出来。

(6)显示平移。根据用户输入的点作为屏幕显示的中心,将显示的图形移动到所需的位置。用户还可以使用上、下、左、右方向键使屏幕中心进行显示的平移。

① 单击主菜单中的"显示",指向"显示变换",单击"显示平移",或者直接单击 ✛ 按钮。

② 在屏幕上选取一个显示中心点,按下鼠标左键,系统立即将该点作为新的屏幕显示中心将图形重新显示出来。

（7）显示效果。显示效果有三种，分别为线架显示、消隐显示和真实感显示。

① 线架显示。将零部件采用线架的显示效果进行显示，如图1－23所示。

线架显示操作：单击主菜单中的"显示"，指向"显示变换"，单击"线架显示"，或者直接单击 ⬡ 按钮。

线架显示时，可以直接拾取被曲面挡住的另一个曲面，如图1－24所示，可以直接拾取下面曲面的网格，这里的曲面不包括实体表面。

② 消隐显示。将零部件采用消隐的显示效果进行显示，如图1－25所示。消隐显示只对实体的线架显示起作用，对线架造型和曲面造型的线架显示不起作用。

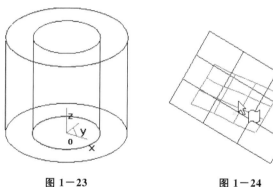

图 1－23　　　　　　　图 1－24

消隐显示的操作：单击主菜单中"显示"，指向"显示变换"，单击"消隐显示"，或者直接单击 ⬡ 按钮。

③ 真实感显示。零部件采用真实感的显示效果进行显示，如图1－26所示。

真实感显示的操作：单击主菜单中的"显示"，指向"显示变换"，单击"真实感显示"，或者直接单击 ⬡ 按钮。

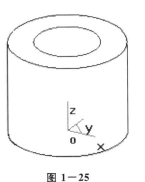

图 1-25 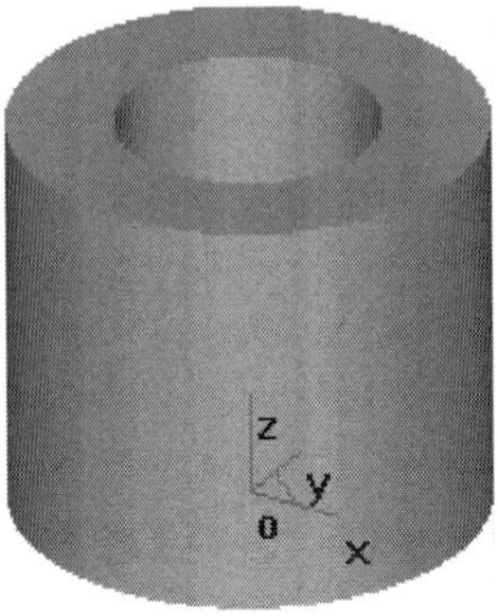　　　　　　　图 1-26

④ 显示上一页。取消当前显示，返回显示变换前的状态。

显示上一页的操作：单击主菜单中"显示"，单击"显示变换"，单击"显示上一页"，或者直接单击"显示"工具条中的按钮。

⑤ 显示下一页。返回下一次显示的状态（同"显示上一页"配套使用）。

显示下一页的操作：单击主菜单中"显示"，单击"显示变换"，单击"显示下一页"，或者直接单击"显示"工具条中的按钮。

3. 坐标点的输入

在 CAXA 制造工程师中，点的输入有"绝对坐标输入""相对坐标输入"和"表达式输入"三种方式。

（1）坐标的表达式完全表达：将 X、Y、Z 三个坐标全部表示出来，数字之间用逗号分开，如"30，40，50"，表示坐标 X=30，Y=40，Z=50 的点，如图 1-27 所示。

不完全表达：只用三个坐标中的一个或两个进行省略的表达，如果其中的一个坐标为零时，该坐标可以省略，其间用逗号隔开。如坐标"30，0，70"可以表示为"30，，70"，坐标"40，0，0"可以表示为"40，，"等。

（2）点的输入方式。点的输入方式有两种：键盘输入绝对坐标和键盘输入相对坐标。

30, 40, 50,

图 1-27

① 键盘输入绝对坐标：由键盘直接输入点的坐标。使用 CAXA 制造工程师绘制两点线或其他需要输入点的情况时，有两种方法可以输入点的坐标。

一种为先按键盘 Enter 键，系统在屏幕中弹出数据输入框，此时直接输入坐标值，然后按 Enter 键。

另一种先输入坐标值，而后系统在屏幕中弹出数据输入框。这种方法虽然省略了 Enter 键的操作，但是它不适合所有的数据输入。例如，当输入的数据第一位使用省略方式或相对坐标输入时，此方法无效。

② 相对坐标的输入。相对坐标就是相对于某一参考点的坐标。输入相对坐标需要在坐标数据前加 "@" 符号。该符号的含义是：所输入的坐标值为相对于当前点的坐标。例如：第一点坐标（20，30），第二点是相对于第一点的（40，30），则二点应输入（@40，30）。

**注意**：相对坐标输入时必须先按 Enter 键，让系统弹出数据输入框，然后再按规定输入。

③ 表达式的输入。CAXA 制造工程师提供了表达式的输入点的坐标的方式。例如：如果输入坐标 "60/2，10 * 3，20 * sin（0）"，它等同于计算后的坐标 "30，30，0"。

4. 常用键

大多数常用键在 CAXA 制造工程师中的用法与传统的用法一样，但也有其独特的方面。

（1）鼠标键。鼠标左键可以用来激活菜单、确定位置点、拾取元素等，鼠标右击用来确认拾取、结束操作和终止命令。

例如，要运行画直线功能，应先把光标移动到直线图标上，然后按左键，激活画直线功能。这时，在命令提示区出现下一步操作的提示。把光标移动到绘图区内，按左键，输入一个位置点，再根据提示输入第二个位置点，就生成了一条直线。

又如，在删除几何元素时，当拾取完毕要删除的元素后，鼠标右击就可以结束拾取，被拾取到的元素就被删除掉了。

文中单（左）击，一般指按鼠标左键，右击为按鼠标右键。

（2）回车键和数值键。回车键和数值键在系统要求输入点时，可以激活一个坐标输入条，在输入条中可以输入坐标值。如果坐标值以@开始，表示是相对于前一个输入点的相对坐标；在某些情况下也可以输入字符串。

（3）空格键。在下列情况下，需要按空格键：

①当系统要求输入点时，按空格键弹出"点工具"菜单，显示点的类型，如图1－28（a）所示。

②有些操作中（如作扫描面）需要选择方向，这时按空格键，弹出"矢量工具"菜单，如图1－28（b）。

③在有些操作（如进行曲线组合等）中，要拾取元素时，按空格键，可以进行拾取方式的选择，如图1－28（c）所示。

④ 在"删除"等需要拾取多个元素时，按空格键则弹出"选择拾取工具"菜单，图1－28（d）所示。

⑤ 默认状态是"拾取添加"，在这种状态下，可以单个拾取元素，也可以用窗口来拾取对象。

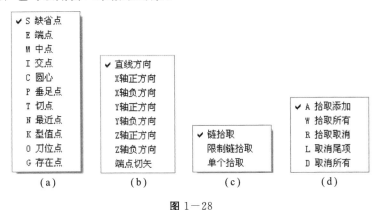

图1－28

**注意：**

①当使用空格键进行类型设置，在拾取操作完成后，建议重新按空格键，选中弹出的菜单中的第一个选项（默认选项），让其回到

系统的默认状态下，以便下一步的选取。

②用窗口拾取元素时，若是由左上角向右下角开窗口，窗口要包容整个元素对象，才能被拾取到；若是从右下角向左上角拉时，只要元素对象的一部分在窗口内，就可以拾取到。

5. CAXA 制造工程师的功能热键

零件设计为用户提供热键操作，对于一个熟练的零件设计用户，热键将极大地提高工作效率，用户还可以自定义想要的热键。

CAXA 制造工程师在零件设计中设置了几种功能热键：

（1）F1 键：请求系统帮助。

（2）F2 键：草图器。用于"草图绘制"模式与"非绘制草图"模式的切换。

（3）F3 键：显示全部图形。

（4）F4 键：重画（刷新）图形。

（5）F5 键：将当前平面切换至 xoy 面，同时将显示平面设置为 xoy 面，将图形投影到 xoy 面内进行显示，即选取"xoy 平面"为视图平面和作图平面。

（6）F6 键：将当前平面切换至 yoz 面，同时将显示平面设置为 yoz 面，将图形投影到 yoz 面内进行显示，即选取"yoz 平面"为视图平面和作图平面。

（7）F7 键：将当前平面切换至 xoz 面，同时将显示平面设置为 xoz 面，将图形投影到 xoz 面内进行显示，即选取"xoz 平面"为视图平面和作图平面。

（8）F8 键：显示轴测图。按轴测图方式显示图形。

（9）F9 键：切换作图平面（xy、xz、yz）。重复按 F9 键，可以在三个平面中相互转换。

（10）方向键（←、↑、→、↓）：显示平移，可以使图形在屏幕上前后左右移动。

（11）Shift＋方向键（←、↑、→、↓）：显示旋转，使图形在屏幕上旋转显示。

（12）Ctrl＋↑：显示放大。

（13）Ctrl＋↓：显示缩小。

（14）Shift＋鼠标左键：显示旋转，同 Shift＋方向键（←、↑、

→、↓）功能。

（15）Shift＋鼠标右击：显示缩放。

（16）Shift＋鼠标（左键＋右击）：显示平移，同方向键（←、↑、→、↓）功能。

6. 坐标系

（1）工作坐标系。工作坐标系如图1－29所示，它是建立模型时的参考坐标系。系统默认坐标系叫做"绝对坐标系"，用户作图时自定义的坐标系叫"工作坐标系"，也称"用户坐标系"。

系统允许用户同时存在多个坐标系，其中正在使用的坐标系叫做"当前坐标系"，其坐标架为红色，其他坐标架为白色。

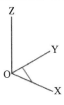

图 1－29

（2）创建坐标系。为方便作图，用户可以根据自己的实际需要，创建新的坐标系，在特定的坐标系下操作。

单击主菜单中"工具/坐标系"菜单项，在该菜单中的右侧弹出下一级菜单选择项，如图1－30所示。选择"创建坐标系"选项即可创建新的坐标系。

图 1－30

（3）激活坐标系。当系统中存在多个坐标系时，激活某一坐标系就是将这一坐标系设为当前坐标系。

①单击"工具/坐标系/激活坐标系"，弹出激活坐标系对话框，如图1－31所示。

②拾取坐标系列表中的某一坐标系，单击"激活"按钮，可见

该坐标系已激活，变为红色。单击激活结束，对话框关闭。

③ 单击"手动激活"按钮，对话框关闭，拾取要激活的坐标系，该坐标系变为红色，表明已激活。

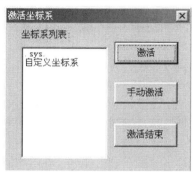

**图 1－31**

（4）删除坐标系。删除用户所创建的坐标系。

① 单击"工具"，指向"坐标系"，单击"删除坐标系"，弹出坐标系编辑对话框，如图 1－32 所示。

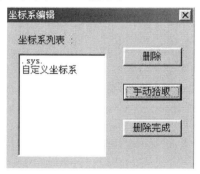

**图 1－32**

② 拾取要删除的坐标系，单击坐标系，删除坐标系完成。

③ 拾取坐标系列表中的某一坐标系，单击"删除"按钮，该坐标消失。单击"删除完成"按钮，对话框关闭。

④ 单击"手动拾取"按钮，对话框关闭，拾取要删除的坐标系，该坐标系消失。

**提示：** 当前坐标系和世界坐标系不能被删除。

（5）隐藏坐标。系使坐标系不可见，操作方法如下：

① 单击主菜单"工具"，指向"坐标系"，单击"隐藏坐标系"。

② 拾取工作坐标系。单击坐标系，隐藏坐标系完成。

（6）显示所有坐标系，使所有坐标系都可见，操作方法如下：

单击主菜单中的"工具/坐标系/显示所有坐标系"菜单项，系统中的所有坐标系都可见。

7. 视图平面、作图平面与当前面

（1）视图平面与作图平面。机械制图的三视图中，"主视"是指从前向后看，在三维绘图中称为"XOZ 平面"或"平面 XZ"。"俯视"是指从上向下看，称为"XOY 平面"或"平面 XY"。"左视"是指从左向右看，称为"YOZ 平面"或"平面 YZ"。在这三个平面作图中，共同表达零件的形状，即零件的三维图形。所谓确定"视图平面"，就是决定向哪个平面看图，而确定"作图平面"，就是决定向哪个平面上画图。在二维平面上绘图时，视图平面和作图平面是统一的。在三维绘图中，视图平面和作图平面可以不一致，例如，可以人在轴测图中看图，而在其他平面中画图。

（2）当前面。当前面是当前工作坐标系下的三个坐标平面（"平面 XY""平面 YZ""平面 XZ"）中的一个，用来作为当前操作中所依赖的平面。"当前面"就是在"当前工作坐标系"下的"作图平面"。在几何元素生成时，若需要定义平面，则默认定义为当前面，默认点也是当前面。

当前面在当前坐标系中用红色斜线标识。作图时，可以通过按F9键，在当前工作坐标系下任意设置当前面，如图 1－33 所示。

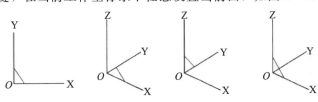

图 1－33

# 拓展与训练

## 一、判断题

1. 拾取图形元素（点、线面）的目的就是根据作图的需要在已经完成的图形中，选取作图所需的某个或某几个元素。（　　）

2. 如果坐标值以%开始，表示一个相对于前一个输入点的相对坐标。（　　）

3. 用于绘制草图状态与非绘制草图状态的切换键是 F3 键。（　　）

4. 在三维作图中，"基准面"就是"平面 XY""平面 YZ""平面 XZ"3 个平面。（　　）

5. CAXA 制造工程师没有提供表达式的输入点的坐标方式。（　　）

6. CAXA 制造工程师在点坐标输入中不允许以函数表达式的方式进行输入。（　　）

7. CAXA 制造工程师为用户提供了光标的导航反馈和拾取反馈。（　　）

8. 在坐标系中判断当前平面的方法主要是看坐标中的斜线所在的位置。（　　）

9. "30，，40"为点坐标的不完全表达式。其含义为"30，0，40"。（　　）

10. "100/2，30＊2，140＊sin（30）"等同于计算后的坐标值"50，60，70"。（　　）

## 二、问答题

1. 启动 CAXA 制造工程师的方法有哪几种？

2. 图形文件的"新建"和"打开"命令、"保存"与"另存为"命令有何区别？快捷键 Ctrl＋S 执行的是哪一条命令？

3. "显示"菜单和"显示变换""显示重画"菜单项的作用是什么？

4. 什么是当前平面？当前平面对曲线的绘制有什么作用？

5. 在 CAXA 制造工程师中鼠标左键和鼠标右键的作用分别有哪些?

6. 在操作过程中,如果出现图形对象不能拾取的现象,应如何处理?

7. 绘图时为什么要养成及时存盘的好习惯?

8. 在 CAXA 制造工程师中,当按下 F3 键时,屏幕显示将发生什么变化?

9. CAXA 制造工程师界面由哪几部分组成? 它们分别有什么作用?

10. 在操作软件过程中,空格键的作用是什么?

11. F5 键、F6 键、F7 键、F8 键、F9 键的作用分别是什么?

# 项目二 曲线和曲面

## 任务一 曲线的绘制

CAXA 制造工程师为曲线绘制提供了十几项功能：直线、圆弧、圆、矩形、椭圆、样条、点、公式曲线、多边形、二次曲线、等距线、曲线投影、相关线、样条转圆弧和文字等。用户可以利用这些功能，方便快捷地绘制出各种各样复杂的图形。利用 CAXA 制造工程师编程加工时，主要应用曲线中的直线、矩形工具绘制零件的加工范围。

直线中的两点线就是在屏幕上按给定两点画一条直线段或按给定的连续条件画连续的直线段（图 2—1）。

（1）单击直线 ╲ 按钮，在立即菜单中选择两点线。

（2）按状态栏提示，给出第一点和第二点，两点线生成。

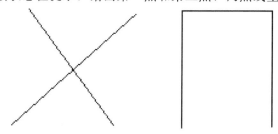

**图 2—1**

矩形是图形构成的基本要素，为了适应各种情况下矩形的绘制，CAXA 制造工程师提供了两点矩形和中心＿长＿宽等两种方式。

两点矩形就是给定对角线上两点绘制矩形（图 2—2）。

（1）单击 ▢ 按钮，在立即菜单中选择两点矩形方式。

（2）给出起点和终点，矩形生成。

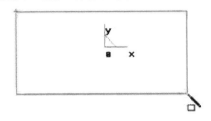

**图 2—2**

中心＿长＿宽就是给定长度和宽度尺寸值来绘制矩形（图 2—3）。

（1）单击□按钮，在立即菜单中选择中心＿长＿宽方式，输入长度和宽度值。

（2）给出矩形中心（0，0），矩形生成。

**图 2—3**

# 任务二　曲线的编辑

曲线编辑包括曲线裁剪、曲线过渡、曲线打断、曲线组合和曲线拉伸五种功能。

曲线编辑安排在主菜单的下拉菜单和线面编辑工具条中。线面编辑工具条如图 2—4 所示。

**图 2—4**

曲线裁剪中的快速裁剪是指系统对曲线修剪具有指哪裁哪的快速反应（图 2－5）。

（1）单击 ✂ 按钮，在立即菜单中选择快速裁剪和正常裁剪（或投影裁剪）。

（2）拾取被裁剪线（选取被裁掉的段），快速裁剪完成。

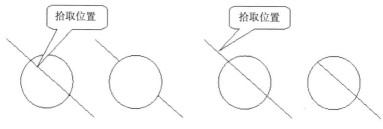

拾取位置　　　　　拾取位置

图 2－5

曲线过渡就是对指定的两条曲线进行圆弧过渡、尖角过渡或对两条直线倒角。

曲线过渡共有三种方式：圆弧过渡、尖角过渡和倒角过渡。

**圆弧过渡**

用于在两根曲线之间进行给定半径的圆弧光滑过渡（图 2－6）。

（1）单击 ✎ 按钮，在立即菜单中选择"圆弧过渡"，输入半径，选择是否裁剪曲线 1 和曲线 2。

（2）拾取第一条曲线、第二条曲线，圆弧过渡完成。

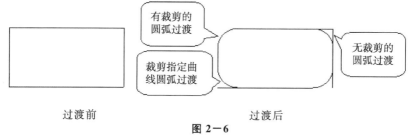

有裁剪的圆弧过渡

无裁剪的圆弧过渡

裁剪指定曲线圆弧过渡

过渡前　　　　　　　　　　过渡后

图 2－6

**尖角过渡**

用于在给定的两根曲线之间进行过渡，过渡后在两曲线的交点处呈尖角。尖角过渡后，一根曲线被另一根曲线裁剪（图 2－7）。

（1）单击 ⌐ 按钮，在立即菜单中选择"尖角裁剪"。

（2）拾取第一条曲线、第二条曲线，尖角过渡完成。

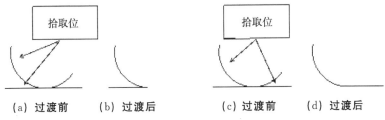

（a）过渡前　　（b）过渡后　　　　（c）过渡前　　（d）过渡后

图 2－7

**倒角过渡**

倒角过渡用于在给定的两直线之间进行过渡，过渡后在两直线之间有一条按给定角度和长度的直线。

倒角过渡后，两直线可以被倒角线裁剪，也可以不被裁剪（图2－8）。

（1）单击 ⌐ 按钮，在立即菜单中选择"倒角裁剪"，输入角度和距离值，选择是否裁剪曲线1和曲线2。

（2）拾取第一条曲线、第二条曲线，尖角过渡完成。

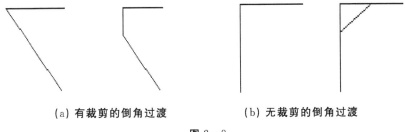

（a）有裁剪的倒角过渡　　　　（b）无裁剪的倒角过渡

图 2－8

# 任务三　几何变换

几何变换对于编辑图形和曲面有着极为重要的作用，可以极大地方便用户。几何变换是指对线、面进行变换，对造型实体无效，而且几何变换前后线、面的颜色、图层等属性不发生变换。几何变换共有七种功能：平移、平面旋转、旋转、平面镜像、镜像、阵列和缩放。几何变换工具条如图2—9所示。

图 2—9

平移就是对拾取到的曲线或曲面进行平移或拷贝。平移有两种方式：两点或偏移量。

偏移量方式就是给出在XYZ三轴上的偏移量，来实现曲线或曲面的平移或拷贝。

（1）直接单击 按钮，在立即菜单中选取偏移量方式，拷贝或平移，输入XYZ三轴上的偏移量值（图2—10）。

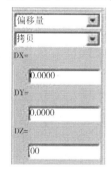
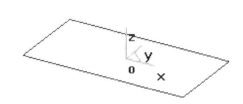

图 2—10

（2）状态栏中提示"拾取元素"，选择曲线或曲面，按右键确认，平移完成（图2—11）。

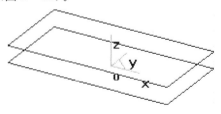

图 2—11

两点方式就是给定平移元素的基点和目标点，来实现曲线或曲面的平移或拷贝。

（1）单击 按钮，在立即菜单中选取两点方式，拷贝或平移，正交或非正交（图2－12）。

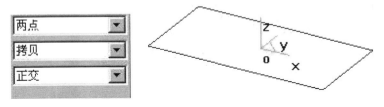

图 2－12

（2）拾取曲线或曲面，按右键确认，输入基点，光标就可以拖动图形了，输入目标点，平移完成（图2－13）。

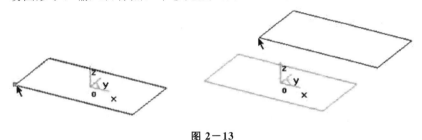

图 2－13

# 任务四 曲面的生成及编辑

CAXA制造工程师有丰富的曲面造型手段，共有10种生成方式：直纹面、旋转面、扫描面、边界面、放样面、网格面、导动面、等距面、平面和实体表面。

## （一）曲面生成

### 1. 直纹面

有3种形式的直纹面，如图2－14所示：曲线＋曲线、曲线＋曲面、点＋曲线。直纹面是由一根直线两端点分别在两曲线上匀速运动而形成的轨迹曲面。

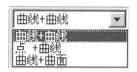

图 2—14

（1）单击"应用"，指向"曲面生成"，单击"直纹面"，或者单击 ⬜ 按钮。

（2）在立即菜单中选择直纹面生成方式。

（3）按状态栏的提示操作，生成直纹面。

**曲线＋曲线**

曲线＋曲线是指在两条自由曲线之间生成直纹面（图 2—15）。

图 2—15

（1）选择"曲线＋曲线"方式。

（2）拾取第一条空间曲线。

（3）拾取第二条空间曲线，拾取完毕立即生成直纹面。

**点＋曲线**

点＋曲线是指在一个点和一条曲线之间生成直纹面（图 2—16）。

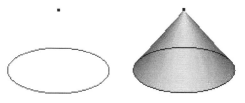

图 2—16

（1）选择"点＋曲线"方式。

（2）拾取空间点。

（3）拾取空间曲线，拾取完毕立即生成直纹面。

**曲线＋曲面**

曲线＋曲面是指在一条曲线和一个曲面之间生成直纹面（图2—17）。

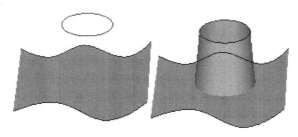

图 2—17

曲线＋曲面方式生成直纹面时，曲线沿着一个方向向曲面投影，同时曲线与这个方向垂直的平面内上以一定的锥度扩张或收缩，生成另外一条曲线，在这两条曲线之间生成直纹面。

（1）选择"曲线＋曲面"方式。

（2）填写角度和精度。

（3）拾取曲面。

（4）拾取空间曲线。

（5）输入投影方向。单击空格键弹出矢量工具，选择投影方向。

（6）选择锥度方向。单击箭头方向即可。

（7）生成直纹面。

**角度**：是指锥体母线与中心线的夹角。

**注意：**

（1）生成方式为"曲线＋曲线"时，在拾取曲线时应注意拾取点的位置，应拾取曲线的同侧对应位置；否则将使两曲线的方向相反，生成的直纹面发生扭曲。

（2）生成方式为"曲线＋曲线"时，如系统提示"拾取失败"，可能是由于拾取设置中没有这种类型的曲线。解决方法是点取"设置"菜单中的"拾取过滤设置"，在"拾取过滤设置对话框"的"图形元素的类型"中选择"选中所有类型"。

（3）生成方式为"曲线＋曲面"时，输入方向时可利用矢量工具菜单。在需要这些工具菜单时，按空格键或鼠标右键即可弹出工具菜单。

（4）生成方式为"曲线＋曲面"时，当曲线沿指定方向，以一定的锥度向曲面投影作直纹面时，如曲线的投影不能全部落在曲面内时，直纹面将无法作出。

2. 旋转面

按给定的起始角度、终止角度将曲线绕一旋转轴旋转而生成的轨迹曲面（图2－18）。

（1）单击"应用"，指向"曲面生成"，单击"旋转面"，或者单击 按钮。

（2）输入起始角和终止角角度值。

（3）拾取空间直线为旋转轴，并选择方向。

（4）拾取空间曲线为母线，拾取完毕即可生成旋转面。

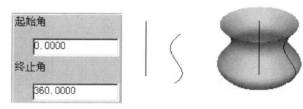

图 2－18

起始角：是指生成曲面的起始位置与母线和旋转轴构成平面的夹角。

终止角：是指生成曲面的终止位置与母线和旋转轴构成平面的夹角。

图2－19为起始角为60°、终止角为270°的情况。

图 2－19

**注意：**

选择方向时的箭头方向与曲面旋转方向遵循右手螺旋法则。

3. 扫描面

按照给定的起始位置和扫描距离将曲线沿指定方向以一定的锥度扫描生成曲面（图 2－20 和图 2－21）。

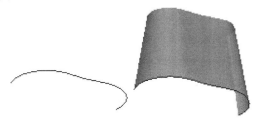

**图 2－20**

（1）单击"应用"，指向"曲面生成"，单击"扫描面"，或者单击按钮。

（2）填入起始距离、扫描距离、扫描角度和精度等参数。

（3）按空格键弹出矢量工具，选择扫描方向。

（4）拾取空间曲线。

（5）若扫描角度不为零，选择扫描夹角方向，扫描面生成。

**图 2－21**

起始距离：是指生成曲面的起始位置与曲线平面沿扫描方向上的间距。

扫描距离：是指生成曲面的起始位置与终止位置沿扫描方向上的间距。

扫描角度：是指生成的曲面母线与扫描方向的夹角。

**注意：**

扫描方向不同的选择可以产生不同的效果。

4. 导动面

让特征截面线沿着特征轨迹线的某一方向扫动生成曲面。导动面生成有六种方式：平行导动、固接导动、导动线 & 平面、导动线 & 边界线、双导动线和管道曲面。

生成导动曲面的基本思想：选取截面曲线或轮廓线沿着另外一条轨迹线扫动生成曲面。

为了满足不同形状的要求，可以在扫动过程中，对截面线和轨迹线施加不同的几何约束，让截面线和轨迹线之间保持不同的位置关系，就可以生成形状变化多样的导动曲面。如截面线沿轨迹线运动过程中，可以让截面线绕自身旋转，也可以绕轨迹线扭转，还可以进行变形处理，这样就产生各种方式的导动曲面。

（1）单击"应用"，指向"曲面生成"，单击"导动面"，或者直接单击 按钮。

（2）选择导动方式。

（3）根据不同的导动方式下的提示，完成操作。

**平行导动**

平行导动是指截面线沿导动线趋势始终平行它自身地移动生成曲面，截面线在运动过程中没有任何旋转（图 2—22）。

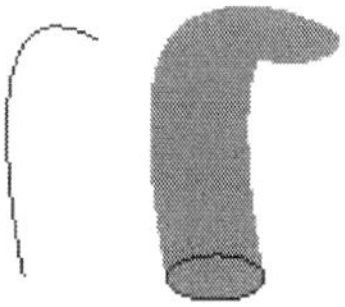

图 2—22

（1）激活导动面功能，并选择"平行导动"方式。

（2）拾取导动线，并选择方向。

（3）拾取截面曲线，即可生成导动面。

**固接导动**

固接导动是指在导动过程中，截面线和导动线保持固接关系，即让截面线平面与导动线的切矢方向保持相对角度不变，而且截面线在自身相对坐标架中的位置关系保持不变，截面线沿导动线变化的趋势导动生成曲面。

固接导动有单截面线和双截面线两种，也就是说截面线可以是一条或两条（图 2—23）。

单截面线　　　　　　　双截面线

图 2—23

（1）选择"固接导动"方式。

（2）选择单截面线或者双截面线。

（3）拾取导动线，并选择导动方向。

（4）拾取截面线。如果是双截面线导动，应拾取两条截面线。

（5）生成导动面。

**导动线 & 平面**

截面线按以下规则沿一条平面或空间导动线（脊线）扫动生成曲面。规则：

（1）截面线平面的方向与导动线上每一点的切矢方向之间相对夹角始终保持不变。

（2）截面线的平面方向与所定义的平面法矢的方向始终保持不变。

这种导动方式尤其适用于导动线是空间曲线的情形，截面线可以是一条或两条（图 2—24）。

单截面线　　　　　　　双截面线

图 2—24

（1）选择"导动线 & 平面"方式。

（2）选择单截面线或者双截面线。

（3）输入平面法矢方向。按空格键，弹出矢量工具，选择方向。

（4）拾取导动线，并选择导动方向。

（5）拾取截面线。如果是双截面线导动，应拾取两条截面线。

（6）生成导动面。

**导动线 & 边界线**

截面线按以下规则沿一条导动线扫动生成曲面。规则：①运动过程中截面线平面始终与导动线垂直。②运动过程中截面线平面与两边界线需要有两个交点。③对截面线进行放缩，将截面线横跨于两个交点上。截面线沿导动线如此运动时，就与两条边界线一起扫动生成曲面。

（1）在导动过程中，截面线始终在垂直于导动线的平面内摆放，并求得截面线平面与边界线的两个交点。在两截面线之间进行混合变形，并对混合截面进行放缩变换，使截面线正好横跨在两个边界线的交点上。

（2）若对截面线进行放缩变换时，仅变化截面线的长度，而保持截面线的高度不变，称为等高导动。图 2－25 为单截面线等高导动。

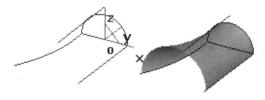

图 2－25

（3）若对截面线，不仅变化截面线的长度，同时等比例地变化截面线的高度，称为变高导动。图 2－26 为双截面线变高导动。

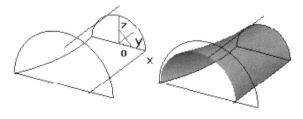

图 2－26

（1）选择"导动线 & 边界线"方式。

（2）选择单截面线或者双截面线。

（3）选择等高或者变高。

（4）拾取导动线，并选择导动方向。

（5）拾取第一条边界曲线。

（6）拾取第二条边界曲线。

（7）拾取截面曲线。如果是双截面线导动，拾取两条截面线（在第一条边界线附近）。

（8）生成导动面。

**双导动线**

将一条或两条截面线沿着两条导动线匀速地扫动生成曲面。

双导动线导动支持等高导动和变高导动，如图 2－27 所示。

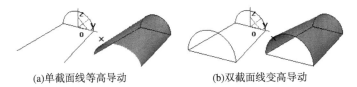

(a)单截面线等高导动　　　　　　(b)双截面线变高导动

**图 2－27**

（1）选择"双导动线"方式。

（2）选择单截面线或者双截面线。

（3）选择等高或者变高。

（4）拾取第一条导动线，并选择方向。

（5）拾取第二条导动线，并选择方向。

（6）拾取截面曲线（在第一条导动线附近）。如果是双截面线导动，拾取两条截面线（在第一条导动线附近）。

（7）生成导动面。

**管道曲面**

给定起始半径和终止半径的圆形截面沿指定的中心线扫动生成曲面。

（1）截面线为一整圆，截面线在导动过程中，其圆心总是位于导动线上，且圆所在平面总是与导动线垂直。

（2）圆形截面可以是两个，由起始半径和终止半径分别决定，生成变半径的管道面，如图2-28所示。

（1）选择"管道曲面"方式。

（2）填入起始半径、终止半径和精度。

（3）拾取导动线，并选择方向。

（4）生成导动面。

起始半径是指管道曲面导动开始的圆的半径。

终止半径是指管道曲面导动终止时的半径。

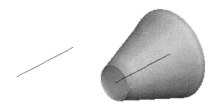

**图2-28**

**注意：**

（1）导动曲线、截面曲线应当是光滑曲线。

（2）在两根截面线之间进行导动时，拾取两根截面线时应使得它们方向一致，否则曲面将发生扭曲，形状不可预料。

（3）导动线 & 平面中给定的平面法矢尽量不要和导动线的切矢方向相同。

5. 等距面

按给定距离与等距方向生成与已知平面（曲面）等距的平面（曲面）。这个命令类似曲线中的"等距线"命令，不同的是"线"改成了"面"（图2-29）。

（1）单击"应用"，指向"曲面生成"，单击"等距面"，或者单击囵按钮。

（2）填入等距距离。

（3）拾取平面，选择等距方向。

（4）生成等距面。

图 2—29

等距距离：是指生成平面在所选的方向上偏离已知平面的距离。

**注意：**

如果曲面的曲率变化太大，等距的距离应当小于最小曲率半径。

6. 平面

利用多种方式生成所需平面。

平面与基准面的比较：基准面是在绘制草图时的参考面，而平面则是一个实际存在的面。

（1）单击"应用"，指向"曲面生成"，单击"平面"，或者单击 按钮。

（2）选择裁剪平面或者工具平面。

（3）按状态栏提示完成操作。

**裁剪平面**

由封闭内轮廓进行裁剪形成的有一个或者多个边界的平面。封闭内轮廓可以有多个图（2—30）。

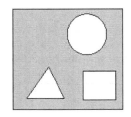

图 2—30

（1）拾取平面外轮廓线，并确定链搜索方向，选择箭头方向即可。

（2）拾取内轮廓线，并确定链搜索方向，每拾取一个内轮廓线确定一次链搜索方向。

（3）拾取完毕，单击鼠标右键，完成操作。

**工具平面**

包括 XOY 平面、YOZ 平面、ZOX 平面（图 2－30）、三点平面、矢量平面、曲线平面和平行平面 7 种方式。

XOY 平面：绕 X 或 Y 轴旋转一定角度生成一个指定长度和宽度的平面。

YOZ 平面：绕 Y 或 Z 轴旋转一定角度生成一个指定长度和宽度的平面。

ZOX 平面：绕 Z 或 X 轴旋转一定角度生成一个指定长度和宽度的平面。

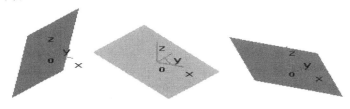

图 2－31

三点平面：按给定三点生成一指定长度和宽度的平面，其中第一点为平面中点。

矢量平面：生成一个指定长度和宽度的平面，其法线的端点为给定的起点和终点。

曲线平面：在给定曲线的指定点上，生成一个指定长度和宽度的法平面或切平面。有法平面和包络面两种方式（图 2－32）。

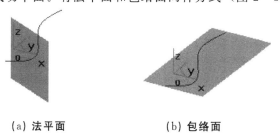

（a）法平面 　　　　　（b）包络面

图 2－32

平行平面：按指定距离，移动给定平面或生成一个拷贝平面（也可以是曲面）（图 2－33）。

(1) 选择工具面类型。

(2) 选择对应类型的相关方式。

(3) 填写角度、长度和宽度等数值。

(4) 根据状态栏提示完成操作。

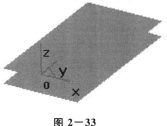

**图 2—33**

角度：是指生成平面绕旋转轴旋转，与参考平面所夹的锐角。

长度：是指要生成平面的长度尺寸值。

宽度：是指要生成平面的宽度尺寸值。

**注意：**

(1) 点的输入有两种方式：按空格键拾取工具点和按回车键直接输入坐标值。

(2) 平行平面功能与等距面功能相似，但等距面后的平面（曲面）不能再对其使用平行平面，只能使用等距面；而平行平面后的平面（曲面），可以再对其使用等距面或平行平面。

7. 边界面

在由已知曲线围成的边界区域上生成曲面。

边界面有两种类型：四边面和三边面。所谓四边面是指通过四条空间曲线生成平面；三边面是指通过三条空间曲线生成平面（图 2—34）。

(1) 单击"应用"，指向"曲面生成"，单击"边界面"，或者单击 按钮。

(2) 选择四边面或三边面。

(3) 拾取空间曲线，完成操作。

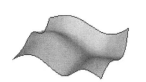

**图 2—34**

**注意：**

拾取的四条曲线必须首尾相连成封闭环，才能作出四边面；并且拾取的曲线应当是光滑曲线。

8．放样面

以一组互不相交、方向相同、形状相似的特征线（或截面线）为骨架进行形状控制，过这些曲线蒙面生成的曲面称为放样曲面。有截面曲线和曲面边界两种类型。

（1）单击"应用"，指向"曲面生成"，单击"放样面"，或者单击⬨按钮。

（2）选择截面曲线或者曲面边界。

（3）按状态栏提示，完成操作。

**截面曲线**

通过一组空间曲线作为截面来生成曲面（图2—35）。

（1）选择界面曲线方式。

（2）拾取空间曲线为截面曲线，拾取完毕后按鼠标右键确定，完成操作。

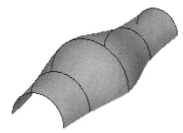

**图2—35**

**曲面边界**

以曲面的边界线和截面曲线来生成曲面（图2—36）。

（1）选择曲面边界方式。

（2）拾取空间曲线为截面曲线，拾取完毕后按鼠标右键确定，完成操作。

（3）在第一条曲面边界线上拾取其所在平面。

（4）拾取截面曲线，单击鼠标右键确定。

（5）在第二条曲面边界线上拾取其所在平面，完成操作。

图 2—36

**注意：**

（1）拾取的一组特征曲线互不相交，方向一致，形状相似，否则生成结果将发生扭曲，形状不可预料。

（2）截面线需保证其光滑性。

（3）用户需按截面线摆放的方位顺序拾取曲线。

（4）用户拾取曲线时需保证截面线方向的一致性。

9．网格面

以网格曲线为骨架，蒙上自由曲面生成的曲面称为网格曲面。网格曲线是由特征线组成的横竖相交线。

（1）网格面的生成思路：首先构造曲面的特征网格线确定曲面的初始骨架形状，然后用自由曲面插值特征网格线生成曲面。

（2）特征网格线可以是曲面边界线或曲面截面线等。由于一组截面线只能反映一个方向的变化趋势，还可以引入另一组截面线来限定另一个方向的变化，这样形成一个网格骨架，控制住两个方向（U 和 V 两个方向）的变化趋势（图 2—37），使特征网格线基本上反映出设计者想要的曲面形状，在此基础上插值网格骨架生成的曲面必然将满足设计者的要求（图 2—38）。

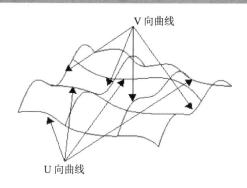

图 2－37

（1）单击"应用"，指向"曲面生成"，单击"网格面"，或者单击◈按钮。

（2）拾取空间曲线为 U 向截面线，单击鼠标右键结束。

（3）拾取空间曲线为 V 向截面线，单击鼠标右键结束，完成操作。

图 2－38

**注意：**

（1）每一组曲线都必须按其方位顺序拾取，而且曲线的方向必须保持一致。曲线的方向与放样面功能中一样，由拾取点的位置来确定曲线的起点。

（2）拾取的每条 U 向曲线与所有 V 向曲线都必须有交点。

（3）拾取的曲线应当是光滑曲线。

（4）对特征网格线有以下要求：网格曲线组成网状四边形网格，规则四边网格与不规则四边网格均可。插值区域是四条边界曲线围成的（图 2－39（a）、（b）），不允许有三边域、五边域和多边域（图 2－39（c））。

(a) 规则四边网格　　　(b) 不规则四边网格　　(c) 不规则网格

图 2—39

10．实体表面

把通过特征线生成的实体表面剥离出来而形成一个独立的面（图 2—40）。

（1）单击"应用"，指向"曲面生成"，单击"实体表面"。

（2）按提示拾取实体表面。

 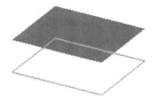

图 2—40

**（二）曲面编辑**

曲面编辑主要讲述有关曲面的常用编辑命令及操作方法，它是 CAXA 制造工程师的重要功能。

曲面编辑包括曲面裁剪、曲面过渡、曲面缝合、曲面拼接和曲面延伸五种功能。

1．曲面裁剪

曲面裁剪是指对生成的曲面进行修剪，去掉不需要的部分。

在曲面裁剪功能中，用户可以选用各种元素，包括各种曲线和曲面来修理、裁剪曲面，获得用户所需要的曲面形态。也可以将被裁剪了的曲面恢复到原来的样子。

曲面裁剪有五种方式：投影线裁剪、等参数线裁剪、线裁剪、面裁剪和裁剪恢复。

　　在各种曲面裁剪方式中，用户都可以通过切换立即菜单来采用裁剪或分裂的方式。在分裂的方式中，系统用剪刀线将曲面分成多个部分，并保留裁剪生成的所有曲面部分。在裁剪方式中，系统只保留用户所需要的曲面部分，其他部分将都被裁剪掉。系统根据拾取曲面时鼠标的位置来确定用户所需要的部分，即剪刀线将曲面分成多个部分，用户在拾取曲面时鼠标单击在哪一个曲面部分上，就保留哪一部分。

　　（1）单击主菜单"应用"，指向"线面编辑"，单击"曲面裁剪"，或者直接单击 ┌ 按钮。

　　（2）在立即菜单中选择曲面裁剪的方式。

　　（3）根据状态栏提示完成操作。

　　下面对曲面裁剪的四种方式依次进行介绍。

**投影线裁剪**

　　投影线裁剪是将空间曲线沿给定的固定方向投影到曲面上，形成剪刀线来裁剪曲面（图2—41）。

　　（1）裁剪时保留拾取点所在的那部分曲面。

　　（2）拾取的裁剪曲线沿指定投影方向向被裁剪曲面投影时必须有投影线，否则无法裁剪曲面。

　　（3）在输入投影方向时可利用矢量工具菜单。

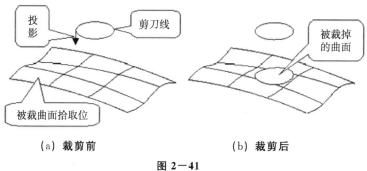

(a) 裁剪前　　　　　　　　　　(b) 裁剪后

图 2—41

　　（1）在立即菜单上选择"投影线裁剪"和"裁剪"方式。

（2）拾取被裁剪的曲面（选取需保留的部分）。

（3）输入投影方向。按空格键，弹出矢量工具菜单，选择投影方向。

（4）拾取剪刀线。拾取曲线，曲线变红，裁剪完成。

**注意：**

剪刀线与曲面边界线重合或部分重合以及相切时，可能得不到正确的裁剪结果。

**线裁剪**

曲面上的曲线沿曲面法矢方向投影到曲面上，形成剪刀线来裁剪曲面（图 2—42）。

（1）裁剪时保留拾取点所在的那部分曲面。

（2）若裁剪曲线不在曲面上，则系统将曲线按距离最近的方式投影到曲面上获得投影曲线，然后利用投影曲线对曲面进行裁剪，此投影曲线不存在时，裁剪失败。一般应尽量避免此种情形。

（3）若裁剪曲线与曲面边界无交点，且不在曲面内部封闭，则系统将其延长到曲面边界后实行裁剪。

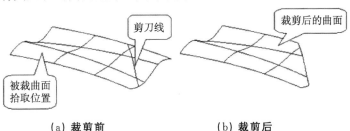

（a）裁剪前          （b）裁剪后

**图 2—42**

（1）在立即菜单上选择"线裁剪"和"裁剪"方式。

（2）拾取被裁剪的曲面（选取需保留的部分）。

（3）拾取剪刀线。拾取曲线，曲线变红，裁剪完成。

**注意：**

与曲面边界线重合或部分重合，以及相切的曲线对曲面进行裁剪时，可能得不到正确的结果，建议尽量避免这种情况。

**面裁剪**

剪刀曲面和被裁剪曲面求交，用求得的交线作为剪刀线来裁剪曲面（图 2—43）。

（1）裁剪时保留拾取点所在的那部分曲面。

（2）两曲面必须有交线，否则无法裁剪曲面。

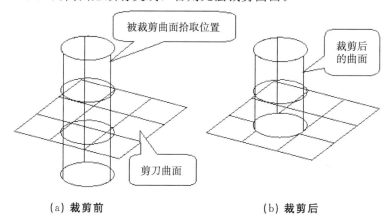

（a）裁剪前　　　　　　　　（b）裁剪后

图 2—43

（1）在立即菜单上选择"面裁剪""裁剪"或"分裂""相互裁剪"或"裁剪曲面1"。

（2）拾取被裁剪的曲面（选取需保留的部分）。

（3）拾取剪刀曲面，裁剪完成。

**注意：**

（1）两曲面在边界线处相交或部分相交以及相切时，可能得不到正确的结果，建议尽量避免。

（2）若曲面交线与被裁剪曲面边界无交点，且不在其内部封闭，则系统将交线延长到被裁剪曲面边界后实行裁剪。一般应尽量避免这种情况。

**裁剪恢复**

将拾取到的曲面裁剪部分恢复到没有裁剪的状态。如拾取的裁剪边界是内边界，系统将取消对该边界施加的裁剪。如拾取的是外边界，系统将把外边界恢复到原始边界状态。

2. 曲面过渡

在给定的曲面之间以一定的方式作给定半径或半径规律的圆弧过渡面，以实现曲面之间的光滑过渡。曲面过渡就是用截面是圆弧的曲面将两张曲面光滑连接起来，过渡面不一定过原曲面的边界。

曲面过渡共有七种方式：两面过渡、三面过渡、系列面过渡、曲线曲面过渡、参考线过渡、曲面上线过渡和两线过渡。

曲面过渡支持等半径过渡和变半径过渡。变半径过渡是指沿着过渡面半径变化的过渡方式。不管是线性变化半径还是非线性变化半径，系统都能提供有力的支持。用户可以通过给定导引边界线或给定半径变化规律的方式来实现变半径过渡。

（1）单击主菜单"应用"，指向"线面编辑"，单击"曲面过渡"，或者直接单击 🔘 按钮。

（2）选择曲面过渡的方式。

（3）根据状态栏提示完成操作。

**两面过渡**

在两个曲面之间进行给定半径或给定半径变化规律的过渡，生成的过渡面的截面将沿两曲面的法矢方向摆放。

两面过渡有两种方式，即等半径过渡、变半径过渡。

等半径两面过渡有裁剪曲面、不裁剪曲面和裁剪指定曲面三种方式（图 2—44）。

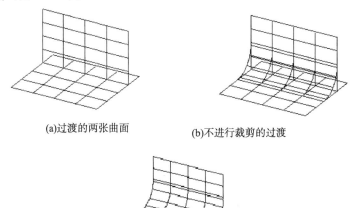

(a)过渡的两张曲面　　　　(b)不进行裁剪的过渡

(c)带裁剪的过渡

**图 2—44**

变半径两面过渡可以拾取参考线，定义半径变化规律，过渡面将从头到尾按此半径变化规律来生成。在这种情况下，依靠拾取的参考线和过渡面中心线之间弧长的相对比例关系来映射半径变化规律。因此，参考曲线越接近过渡面的中心线，就越能在需要的位置上获得给定的精确半径。同样，变半径两面过渡也分为裁剪曲面、不裁剪曲面和裁剪指定曲面三种方式（图 2-45）。

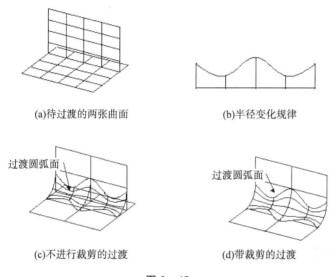

(a)待过渡的两张曲面　　　　　　　(b)半径变化规律

(c)不进行裁剪的过渡　　　　　　　(d)带裁剪的过渡

图 2-45

等半径过渡与变半径过渡操作步骤不同，下面分别介绍。

等半径过渡操作：

（1）在立即菜单中选择"两面过渡""等半径"和是否裁剪曲面，输入半径值。

（2）拾取第一张曲面，并选择方向。

（3）拾取第二张曲面，并选择方向，指定方向，曲面过渡完成。

变半径过渡操作：

（1）在立即菜单中选择"两面过渡" "变半径"和是否裁剪曲面。

（2）拾取第一张曲面，并选择方向。

（3）拾取第二张曲面，并选择方向。

（4）拾取参考曲线，指定曲线。

（5）指定参考曲线上点并定义半径，指定点后，弹出立即菜单，在立即菜单中输入半径值。

（6）可以指定多点及其半径，所有点都指定完后，按右键确认，曲面过渡完成。

**注意：**

（1）用户需正确地指定曲面的方向，方向不同会导致完全不同的结果。

（2）进行过渡的两曲面在指定方向上与距离等于半径的等距面必须相交，否则曲面过渡失败。

（3）若曲面形状复杂，变化过于剧烈，使得曲面的局部曲率小于过渡半径时，过渡面将发生自交，形状难以预料，应尽量避免这种情形。

3. 曲面缝合

曲面缝合是指将两张曲面光滑连接为一张曲面。

曲面缝合有两种方式：通过曲面 1 的切矢进行光滑过渡连接；通过两曲面的平均切矢进行光滑过渡连接。

（1）单击主菜单"应用"，指向"线面编辑"，单击"曲面缝合"，或者直接单击 按钮。

（2）选择曲面缝合的方式。

（3）根据状态栏提示完成操作。

下面具体介绍曲面缝合的两种方式。

**曲面切矢 1**

曲面切矢 1 方式曲面缝合，即在第一张曲面的连接边界处按曲面 1 的切矢方向和第二张曲面进行连接，这样，最后生成的曲面仍保持有曲面 1 形状的部分（图 2—46）。

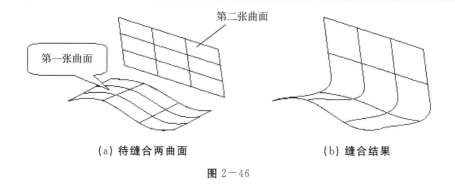

（a）待缝合两曲面　　　　　　　　　（b）缝合结果

图 2—46

（1）在立即菜单中选择"曲面切矢 1"。

（2）拾取第一张曲面。

（2）拾取第二张曲面，曲面缝合完成。

**平均切矢**

切矢方式曲面缝合，在第一张曲面的连接边界处按两曲面的平均切矢方向进行光滑连接。最后生成的曲面在曲面 1 和曲面 2 处都改变了形状（图 2—47）。

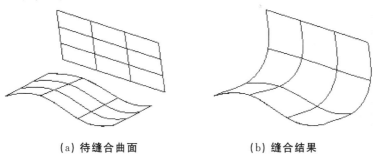

（a）待缝合曲面　　　　　　　　　（b）缝合结果

图 2—47

（1）在立即菜单中选择"平均切矢"。

（2）拾取第一张曲面。

（3）拾取第二张曲面，曲面缝合完成。

4. 曲面拼接

曲面拼接是曲面光滑连接的一种方式，它可以通过多个曲面的对应边界生成一张曲面与这些曲面光滑相接。

曲面拼接共有三种方式：两面拼接、三面拼接和四面拼接。

在许多物体的造型中，通过曲面生成、曲面过渡、曲面裁剪等工具生成物体的型面后，总会在一些区域留下一片空缺，称为"洞"。曲面拼接就可以对这种情形进行"补洞"处理（图 2—48）。

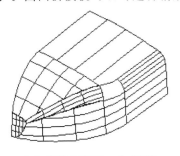 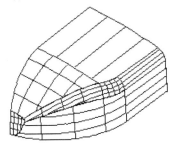

（a）造型后留下一个"洞"　　　（b）通过曲面拼接进行"补洞"

图 2—48

单击"应用"，指向"线面编辑"，单击"曲面拼接"或单击 ⊞ 按钮。

**两面拼接**

做一曲面，使其连接两给定曲面的指定对应边界，并在连接处保证光滑。

当遇到要把两个曲面从对应的边界处光滑连接时，用曲面过渡的方法无法实现，因为过渡面不一定通过两个原曲面的边界。这时就需要用到曲面拼接的功能，过曲面边界光滑连接曲面（图 2—49）。

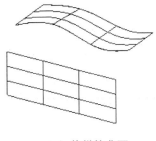 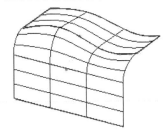

（a）待拼接曲面　　　　　（b）拼接结果

图 2—49

拾取时请在需要拼接的边界附近单击曲面。拾取时，需要保证两曲面的拼接边界方向一致，这是由拾取点在边界线上的位置决定工"的，即拾取点与边界线的哪一个端点距离最近，那一个端点就是边界的起点。两个边界线的起点应该一致，这样两个边界线的方向一致。如果两个曲面边界线方向相反，拼接的曲面将发生扭曲，形状不可预料。

（1）拾取第一张曲面。

（2）拾取第二张曲面，拼接完成。

**三面拼接**

做一曲面，使其连接三个给定曲面的指定对应边界，并在连接处保证光滑。

三个曲面在角点处两两相接，成为一个封闭区域，中间留下一个"洞"，三面拼接就能光滑拼接三张曲面及其边界而进行"补洞"处理（图2—50）。

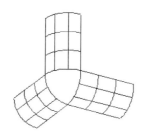 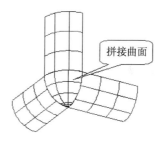

（a）需拼接的三张曲面　　　（b）拼接结果

图2—50

在三面拼接中，使用的元素不局限于曲面，还可以是曲线，即可以拼接曲面和曲线围成的区域，拼接面和曲面保持光滑相接，并以曲线为边界。如图2—51和图2—52所示，可以对两张曲面和一条曲线围成的区域、一张曲面和两条曲线围成的区域进行三面拼接。

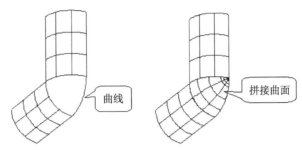

（a）需拼接的两张曲面和一条边界曲线　　　（b）拼接结果

图 2－51

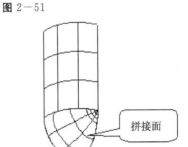

（a）需拼接的一张曲面和两条边界曲线　　　（b）拼接结果

图 2－52

在三面拼接时，三个曲面围成的区域可以是非封闭区域。如图 2－53 所示，在非封闭处，系统将根据拼接条件自动确定拼接曲面的边界形状。

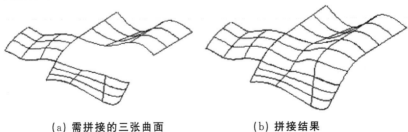

（a）需拼接的三张曲面　　　　　　（b）拼接结果

图 2－53

（1）在立即菜单中选择拼接方式。

（2）拾取第一张曲面。

（3）拾取第二张曲面。

（4）拾取第三张曲面，曲面拼接完成。

**注意：**

（1）要拼接的三个曲面必须在角点相交，要拼接的三个边界应该首尾相连，形成一串曲线，它可以封闭，也可以不封闭。

（2）操作中，拾取曲线时需先按右键，再单击曲线才能选择曲线。

5. 曲面延伸

在应用中很多情况会遇到所做的曲面短了或窄了，无法进行一些操作的情况。这就需要把一张曲面从某条边延伸出去。曲面延伸就是针对这种情况，把原曲面按所给长度沿相切的方向延伸出去，扩大曲面，以帮助用户进行下一步操作，如图 2—54 所示。

 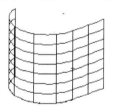

（a）待延伸曲面　　（b）延伸结果

**图 2—54**

延伸曲面有两种方式：长度延伸和比例延伸。

（1）单击"应用"，指向"线面编辑"，单击"曲面延伸"或单击 按钮。

（2）在立即菜单中选择"长度延伸"或"比例延伸"方式，输入长度或比例值。

（3）状态栏中提示"拾取曲面"，单击曲面，延伸完成。

**注意：**

曲面延伸功能不支持裁剪曲面的延伸。

# 任务五　五角星曲面建模

### （一）生成五角星曲线

（1）圆的绘制。单击曲线生成工具栏上的  按钮，进入空间曲线绘制状态，在特征树下方的立即菜单中选择作圆方式"圆心点 _ 半径"，然后按照提示用鼠标点取坐标系原点，也可以按"Enter"键，在弹出的对话框内输入圆心点的坐标（0，0，0），半径 R＝100 并确认，然后单击鼠标右键结束该圆的绘制。

**注意**：在输入点坐标时，应该在英文输入法状态下输入，也就是标点符号是半角输入，否则会导致错误。

（2）五边形的绘制。单击曲线生成工具栏上的 按钮，在特征树下方的立即菜单中选择"中心"定位，边数 5 条，回车确认，内接。按照系统提示点取中心点，内接半径为 100（输入方法与圆的绘制相同）。然后单击鼠标右键结束该五边形的绘制。这样就得到了五角星的五个角点，如图 2—55 所示。

（3）构造五角星的轮廓线。通过上述操作得到了五角星的五个角点，使用曲线生成工具栏上的直线 按钮，在特征树下方的立即菜单中选择"两点线""连续""非正交"，将五角星的各个角点连接，如图 2—56 所示。

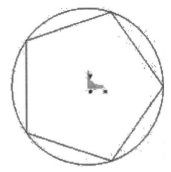

**图 2—55**

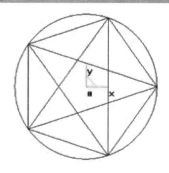

图 2—56

　　使用"删除"工具将多余的线段删除，单击 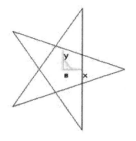 按钮，用鼠标直接点取多余的线段，拾取的线段会变成红色，单击右键确认，如图 2—57 所示。

图 2—57

　　裁剪后图中还会剩余一些线段，单击线面编辑工具栏中"曲线裁剪" 按钮，在特征树下方的立即菜单中选择"快速裁剪""正常裁剪"方式，用鼠标点取剩余的线段就可以实现曲线裁剪。这样就得到了五角星的一个轮廓，如图 2—58 所示。

　　（4）构造五角星的空间线架。在构造空间线架时，还需要五角星的一个顶点，因此需要在五角星的高度方向上找到一点（0，0，20），以便通过两点连线实现五角星的空间线架构造。

　　使用曲线生成工具栏上的直线 按钮，在特征树下方的立即菜单中选择"两点线""连续""非正交"，用鼠标点取五角星的一个角点，然后单击回车，输入顶点坐标（0，0，20）。同理，作五角星各个角点与顶点的连线，完成五角星的空间线架。如图 2－59 所示。

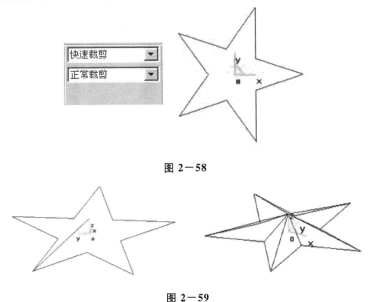

图 2－58

图 2－59

### （二）生成五角星曲面

（1）通过直纹面生成曲面。选择五角星的一个角为例，用鼠标单击曲面工具栏中的直纹面 按钮，在特征树下方的立即菜单中选择"曲线＋曲线"的方式生成直纹面，然后用鼠标左键拾取该角相邻的两条直线完成曲面，如图 2－60 所示。

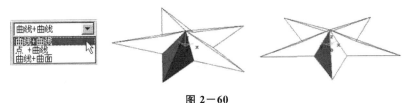

图 2－60

**注意**：在拾取相邻直线时，鼠标的拾取位置应该尽量保持一致（相对应的位置），这样才能保证得到正确的直纹面。

（2）生成其他各个角的曲面。在生成其他曲面时，可以利用直纹面逐个生成曲面，也可以使用阵列功能对已有一个角的曲面进行圆形阵列来实现五角星的曲面构成。单击几何变换工具栏中的 按钮，在特征树下方的立即菜单中选择"圆形"阵列方式，分布形式"均布"，份数"5"，用鼠标左键拾取一个角上的两个曲面，单击鼠标右键确认，然后根据提示输入中心点坐标（0，0，0），也可以直接用鼠标拾取坐标原点，系统会自动生成各角的曲面，如图2-61所示。

图 2-61

**注意**：在使用圆形阵列时，一定要注意阵列平面的选择，否则曲面会发生阵列错误。因此，在本例中使用阵列前最好按一下快捷键"F5"，用来确定阵列平面为 XOY 平面。

3. 生成五角星的加工轮廓平面。先以原点为圆心点作圆，半径为110，如图 2-62 所示。

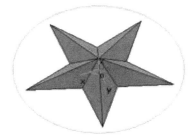

图 2-62

用鼠标单击曲面工具栏中的平面 工具按钮，并在特征树下方的立即菜单中选择"裁剪平面" 裁剪平面 ▼ 。用鼠标拾取平面的外轮廓线，然后确定链搜索方向（用鼠标点取箭头），系统会提示拾取第一个内轮廓线（图2－63a），用鼠标拾取五角星底边的一条线（图2－63b），单击鼠标右键确定，完成加工轮廓平面，如图2－63c所示。

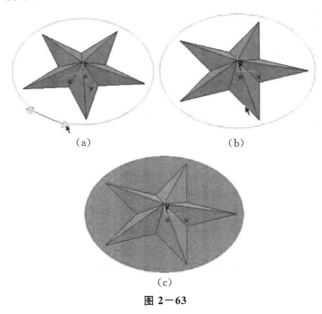

（a）

（b）

（c）

**图 2－63**

# 任务六  鼠标的曲面建模

建模思路：鼠标效果图如图2－64所示，它的造型特点主要是外围轮廓都存在一定的角度，因此在造型时首先想到的是实体的拔模斜度。如果使用扫描面生成鼠标外轮廓曲面，就应该加入曲面扫描角度。在生成鼠标上表面时，可以使用两种方法：①如果用实体构造鼠标，我们应该利用曲面裁剪实体的方法来完成造型，也就是利用样条线生成的曲面对实体进行裁剪；②如果使用曲面构造鼠标，就应利用样条线生成的曲面对鼠标的轮廓进行曲面裁剪，完成鼠标上曲面的造型。做完上述操作后就可以利用直纹面生成鼠标的底面曲面，最后通过曲面过渡完成鼠标的整体造型。鼠标样条线坐标点：（-60，0，15），（-40，0，25），（0，0，30），（20，0，25），（40，9，15）。

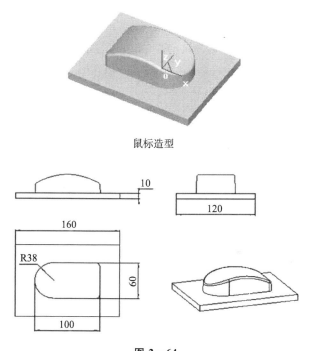

鼠标造型

**图 2-64**

## （一）生成扫描面

（1）按 F5 键，将绘图平面切换到平面 XOY 上。

（2）单击矩形功能图标"□"，在无模式菜单中选择"两点矩形"方式，输入第一点坐标（-60，30，0），第二点坐标（40，-30，0），矩形绘制完成（图 2-65）。

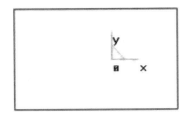

图 2—65

（3）单击圆弧功能图标"⊕"，按空格键，选择切点方式，作一圆弧，与长方形右侧三条边相切（图 2—66）。

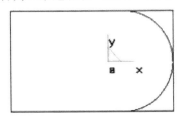

图 2—66

（4）单击删除功能图标"⬭"，拾取右侧的竖边，单击右键确定，删除完成（图 2—67）。

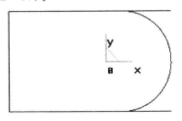

图 2—67

（5）单击裁剪功能图标"❀"，拾取圆弧外的直线段，裁剪完成，结果如图 2—68 所示。

（6）单击曲线组合按钮"⤵"，在立即菜单中选择"删除原曲线"方式。状态栏提示"拾取曲线"，按空格键，弹出拾取快捷菜单，单击"单个拾取"方式，单击曲线 2、曲线 3、曲线 4，按右键确认。

（7）按 F8，将图形旋转为轴侧图（图 2-69）。

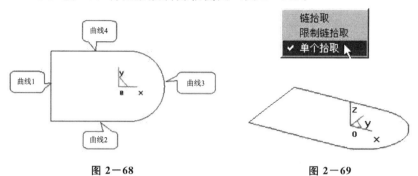

图 2-68                                 图 2-69

（8）单击扫描面按钮 ，在立即菜单中输入起始距离 0，扫描距离 40，扫描角度 2。然后按空格键，弹出矢量选择快捷菜单，单击"Z 轴正方向"（图 2-70）。

图 2-70

（9）按状态栏提示拾取曲线，依次单击曲线 1 和组合后的曲线，生成两个曲面，如图 2-71 所示。

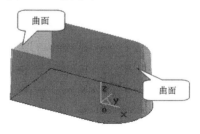

图 2-71

**（二）裁剪曲面**

（1）单击曲面裁剪按钮 ，在立即菜单中选择"面裁剪""裁剪"和"相互裁剪"。按状态栏提示拾取被裁剪的曲面 2 和剪刀面曲面 1，两曲面裁剪完成（图 2—72）。

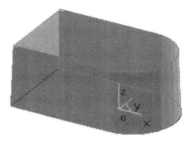

**图 2—72**

（2）点击样条功能图标"∿"，按回车键，依次输入坐标点：（-60，0，15），（-40，0，25），（0，0，30），（20，0，25），（40，9，15），单击右键确认，样条生成，结果如图 2—73 所示。

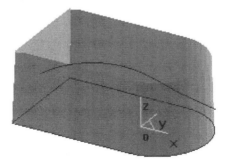

**图 2—73**

（3）单击扫描面功能图标"▱"，在立即菜单中输入起始距离值-40，扫描距离值 80，扫描角度 0，系统提示"输入扫描方向"，按空格键弹出方向工具菜单，选择其中的"Y 轴正方向"，拾取样条线，扫描面生成，结果如图 2—74 所示。

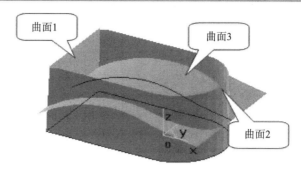

图 2—74

（4）单击曲面裁剪按钮 ，在立即菜单中选择"面裁剪""裁剪"和"相互裁剪"。按状态栏提示拾取被裁剪曲面曲面 2、剪刀面曲面 3，曲面裁剪完成，如图 2—75 所示。

（5）再次拾取被裁剪面曲面 1、剪刀面曲面 3，裁剪完成，如图 2—76 所示。

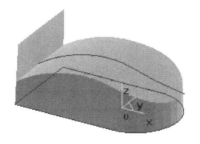

图 2—75　　　　　　　　　　图 2—76

（6）单击主菜单"编辑"下拉菜单"隐藏"，按状态栏提示拾取所有曲线使其不可见，如图 2—77 所示。

### （三）生成直纹面

单击"线面可见"按钮 ，拾取底部的两条曲线，按右键确认其可见。

单击"直纹面"按钮 ，拾取两条曲线生成直纹面，如图

2—78所示。

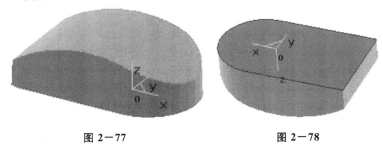

图 2—77　　　　　　　　　　　图 2—78

### （四）曲面过渡

单击曲面过渡，在立即菜单中选择三面过渡，内过渡，等半径，输入半径值 2，裁剪曲面。

按状态栏提示拾取曲面 1、曲面 2 和曲面 3，选择向里的方向，曲面过渡完成（图 2—79）。

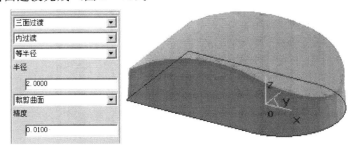

图 2—79

# 拓展与训练

为了强化曲线工具的应用，扎实地掌握基本技能，按如下尺寸抄画图 2—80～2—114。

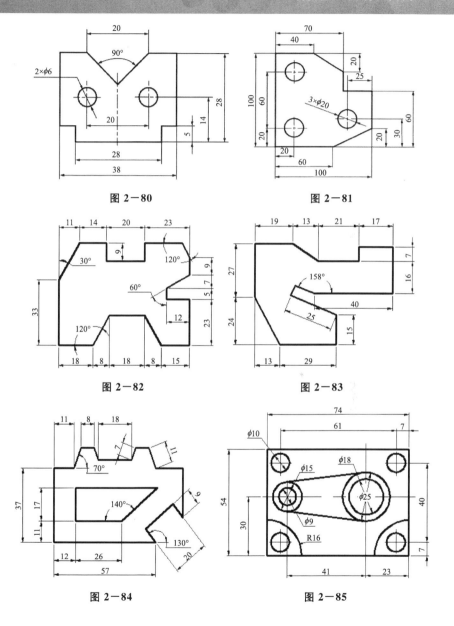

图 2-80

图 2-81

图 2-82

图 2-83

图 2-84

图 2-85

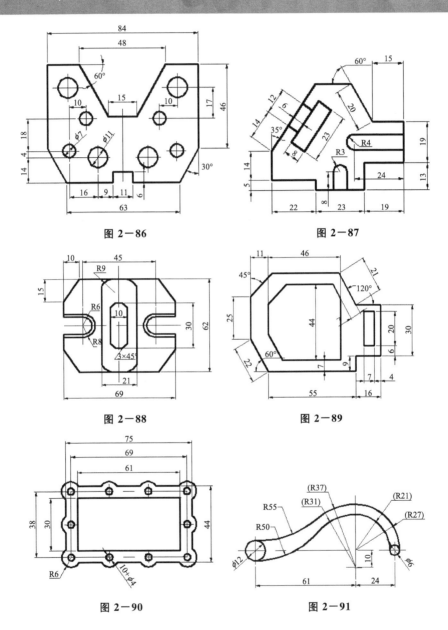

图 2—86

图 2—87

图 2—88

图 2—89

图 2—90

图 2—91

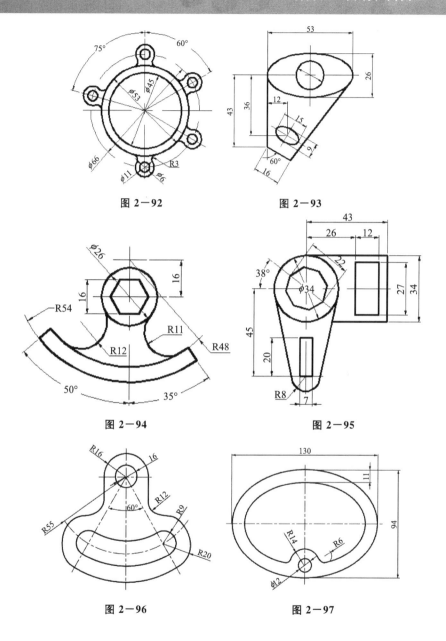

图 2—92

图 2—93

图 2—94

图 2—95

图 2—96

图 2—97

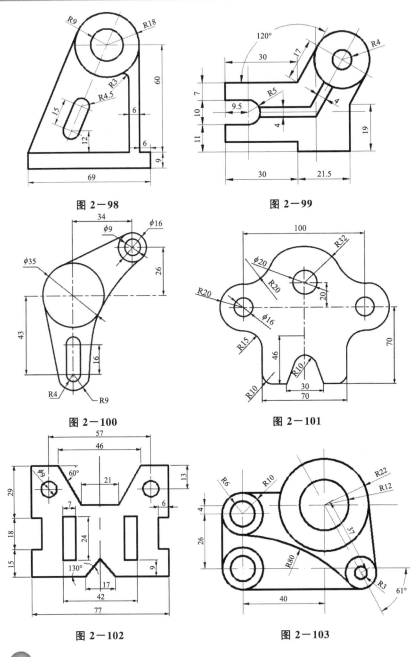

图 2—98

图 2—99

图 2—100

图 2—101

图 2—102

图 2—103

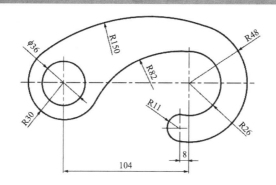

图 2－104

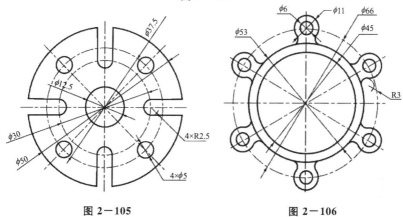

图 2－105　　　　　　　　图 2－106

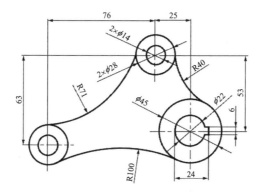

图 2－107

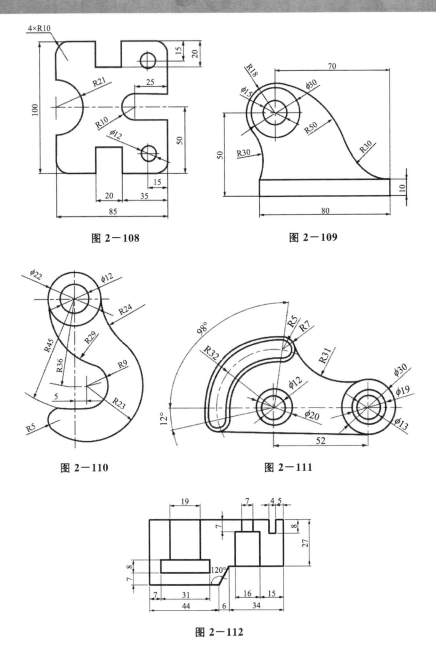

图 2－108

图 2－109

图 2－110

图 2－111

图 2－112

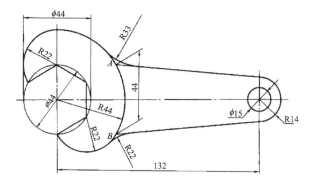

图 2-113

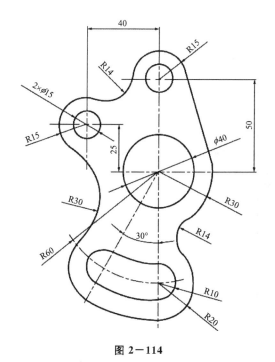

图 2-114

# 项目三　特征造型

CAXA制造工程师提供基于实体的特征造型、自由曲面造型，以及实体和曲面混合造型功能，可实现对任意复杂形状零件的造型设计。特征造型方式提供拉伸、旋转、导动、放样、倒角、过渡、打孔、抽壳、拔模、分模等功能，可创建参数化模型。本章主要介绍CAXA制造工程师的特征造型方法。

## 任务一　拉　伸

拉伸：将草图平面内的一个轮廓曲线根据所选的拉伸类型做拉伸操作，用以生成一个增加或除去材料的特征。拉伸有拉伸增料和拉伸减料两种方式。

### （一）操作过程

（1）单击【造型】→【特征生成】→【增料】或【除料】→【拉伸】，或者直接单击⬚或⬚按钮，弹出拉伸对话框，如图3—1所示。

图 3—1

（2）选取拉伸类型，填入深度，拾取草图，单击"确定"完成操作。

### （二）操作类型

拉伸特征分为实体特征和薄壁特征两种特征形式，如图 3－2 所示。拉伸类型包括"固定深度""双向拉伸"和"拉伸到面"，如图 3－3所示。

图 3－2　　　　　　图 3－3

实体特征是在封闭的草图内部生成实体。薄壁特征是以草图所形成的轮廓为外壁、内壁分别向内、外或两侧生成实体特征，如图 3－4所示。

图 3－4

固定深度是指按照给定的深度数值进行单向的拉伸。双向拉伸是指以草图为中心，向相反的两个方向进行拉伸，深度值以草图为中心平分。拉伸到面是指拉伸位置以曲面为结束点。

### （三）实例

利用"固定深度"拉伸方式，深度为 15 进行实体特征操作，拉伸成如图 3－5 所示的五边体。利用"固定深度"拉伸方式，深度为 15，拔模斜度为 33 进行实体特征操作，拉伸成如图 3－6 所示的五角星。利用"固定深度"拉伸方式，深度为 15，厚度为 10 进行薄壁特征操作，拉伸成如图 3－7 所示的形状。

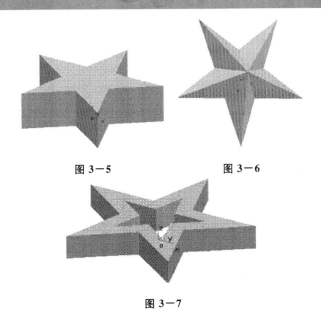

图 3-5                    图 3-6

图 3-7

# 任务二　旋　转

旋转：通过围绕一条空间直线旋转一个或多个封闭轮廓，增加或除去材料生成一个特征。旋转有旋转增料和旋转减料两种方式。

## （一）操作过程

（1）单击【造型】→【特征生成】→【增料】或【除料】→【旋转】，或者直接单击 ⚙ 或 ⚙ 按钮，弹出"旋转"对话框，如图 3-8 所示。

（2）选取旋转类型，填入角度，拾取草图与旋转轴线，单击"确定"完成操作。

图 3—8

## （二）操作类型

旋转类型包括"单向旋转""对称旋转"和"双向旋转"，如图 3—9所示。单向旋转是指按照给定的角度数值进行单向的旋转。对称旋转是指以草图为中心，向相反的两个方向进行旋转，角度值以草图为中心平分。双向旋转是指以草图为起点，向两个方向进行旋转，角度值分别输入。

图 3—9

## （三）实例

按照"单向旋转"方式，旋转角度 360°，将图 3—10 所示草图以给定轴线进行旋转，生成如图 3—11 所示实体。

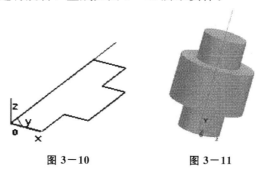

图 3—10　　　　　　　图 3—11

# 任务三　导　动

导动：将某一截面曲线或轮廓线沿着另外一条轨迹线运动生成一个特征实体。截面线应为封闭的草图轮廓，截面线的运动形成了导动曲面。导动有导动增料和导动减料两种方式。

**（一）操作过程**

（1）单击【造型】→【特征生成】→【增料】或【除料】→【导动】，或者直接单击 或 按钮，弹出"导动"对话框。如图3—12所示。

**图 3—12**

（2）选取轮廓截面线，拾取轨迹线，单击"确定"完成操作。

**（二）操作类型**

导动包括"平行导动"和"固接导动"两种方式。

平行导动是指截面线沿导动线趋势始终平行它自身地移动而生成特征实体，如图3—13（a）所示。

固接导动是指在导动过程中，截面线和导动线保持固接关系，即让截面线平面与导动线的切矢方向保持相对角度不变，而且截面线在自身相对坐标架中的位置关系保持不变，截面线沿导动线变化的趋势导动生成特征实体，如图3—13（b）所示。

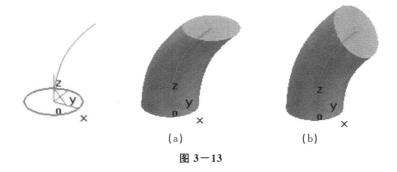

（a）　　　　　　　　　（b）

图 3—13

# 任务四　放　样

　　放样：根据多个截面线轮廓生成一个实体。截面线应为草图轮廓。放样有放样增料和放样减料两种方式。

**（一）操作过程**

　　（1）单击【造型】→【特征生成】→【增料】或【除料】→【放样】，或者直接单击  或 🗲 按钮，弹出"放样"对话框，如图3—14所示。

图 3—14

　　（2）选取轮廓线，单击"确定"完成操作。

**（二）操作事项**

　　（1）轮廓：是指对需要放样的草图。

　　（2）上和下：是指调节拾取草图的顺序。

　　**注意：** ①轮廓按照操作中的拾取顺序排列。

　　②拾取轮廓时要注意状态栏指示，拾取不同的边、不同的位置，会产生不同的结果。

**（三）实例**

按图 3—15 所给的形式建立一个六棱体，运行命令，然后依次拾取各六边形草图轮廓。

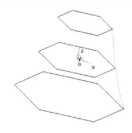  

图 3—15

# 任务五　　曲面加厚

曲面加厚：对指定的曲面按照给定的厚度和方向进行生成实体。

**（一）操作过程**

（1）单击【造型】→【特征生成】→【增料】或【除料】→【曲面加厚】，或者直接单击 或 按钮，弹出"曲面加厚"对话框，如图3—16所示。

（2）填入厚度，确定加厚方向，拾取曲面，单击"确定"完成操作。

图 3—16

**（二）操作类型**

加厚方向 1 是指按曲面的法线方向，生成实体。加厚方向 2 是指按与曲面法线相反的方向，生成实体。双向加厚是指从两个方向对曲面进行加厚，生成实体。

闭合曲面填充就是将空间封闭的曲面内部填充成实体特征。

## (三) 实例

图 3—17 所示为饭勺的生成曲面和实体。

**图 3—17**

# 任务六 曲面裁剪

曲面裁剪:用生成的曲面对实体进行修剪,去掉不需要的部分。

## (一) 操作过程

(1) 单击【造型】→【特征生成】→【除料】→【曲面裁剪】,或者直接单击 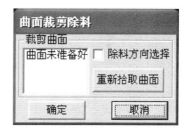 按钮,弹出"曲面裁剪除料"对话框。如图3—18 所示。

(2) 拾取曲面,确定是否进行除料方向选择,单击"确定"完成操作。

**图 3—18**

## (二) 操作事项

参与裁剪的曲面可以是多张边界相连的曲面。在特征树中用右键单击"曲面裁剪"后"修改特征",弹出的对话框中增加了"重新拾取曲面"的按钮,可以以此来重新选择裁剪所用的曲面。

（三）实例

如图 3－19 所示，利用曲面将实体上部分裁剪生成鞋底基体。

图 3－19

# 任务七　　过　渡

过渡：以给定半径或半径规律在实体间作光滑过渡。

（一）操作过程

1. 单击【造型】→【特征生成】→【过渡】，或者直接单击 按钮，弹出过渡对话框。如图 3－20 所示。

2. 填入半径，确定过渡方式和结束方式，选择变化方式，拾取需要过渡的元素，单击"确定"完成操作。

图 3－20

（二）操作类型

过渡方式有两种：等半径和变半径，如图 3－21 所示。

等半径是指整条边或面以固定的尺寸值进行过渡。变半径是指边或面以渐变的尺寸值进行过渡，需要分别指定各点的半径。结束方式有三种：缺省方式、保边方式和保面方式，如图 3－22 所示。

缺省方式是指以系统默认的保边或保面方式进行过渡。保边方式是指线面过渡，如图 3－22（a）所示。保面方式是指面面过渡，如图3－22（b）所示。线性变化是指在变半径过渡时，过渡边界为直线。光滑变化是指在变半径过渡时，过渡边界为光滑的曲线。需要过渡的元素是指对需要过渡的实体上的边或者面的选取。

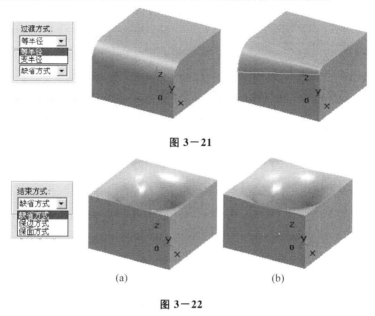

图 3—21

图 3—22

# 任务八　　倒　　角

倒角是指对实体的棱边进行光滑过渡。

图 3—23

## （一）操作过程

单击【造型】→【特征生成】→【倒角】，或者直接单击 按钮，弹出"倒角"对话框，如图 3—23 所示。

## （二）操作参数

在倒角操作中只有距离和角度两项需要进行参数设置。距离是指倒角的边尺寸值，可以直接输入所需数值，也可以单击按钮来调节。角度是指所倒角度的尺寸值，可以直接输入所需数值，也可以单击按钮来调节。需倒角的元素是指对需要过渡的实体上的边的选取。

# 任务九　线性阵列

线性阵列：沿一个方向或多个方向快速进行特征复制的操作。

## （一）操作过程

（1）单击【造型】→【特征生成】→【线性阵列】，或者直接单击▦按钮，弹出"线性阵列"对话框，如图3—24所示。

（2）拾取阵列对象，分别在第一和第二阵列方向，拾取边/基准轴，填入距离和数目，单击"确定"完成操作，如图3—25所示。

图 3—24

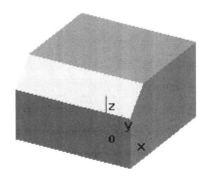

图 3—25

## （二）操作事项

阵列对象是指要进行阵列的特征，单个阵列只有一个阵列特征，两个及以上特征为组合阵列。边/基准轴为阵列所沿的指示方向的边或者基准轴。

### (三) 实例

拾取实体边，第一方向为 X 轴的负方向，阵列数目为 3，第二方向为 Y 轴的正方向，阵列数目为 2，阵列对象为圆柱体，结果如图3-26所示。

图 3-26

# 任务十　环形阵列

环形阵列：绕某基准轴旋转将特征阵列为多个特征的操作。

### (一) 操作过程

（1）单击【造型】→【特征生成】→【环形阵列】，或者直接单击  按钮，弹出"环形阵列"对话框，如图3-27。

（2）拾取阵列对象和边/基准轴，填入角度和数目，单击"确定"完成操作。

图 3-27

### (二) 操作事项

阵列对象是指要进行阵列的特征，单个阵列只有一个阵列特征，两个及以上特征为组合阵列。边/基准轴为阵列所沿的指示方向的边或者基准轴。

自身旋转是指在阵列过程中，阵列对象在绕阵列中心旋转的过程中，绕自身的中心旋转，否则，将互相平行。

**(三) 实例**

选择叶片特征作为阵列对象，角度 90，数目 4，自身旋转，竖直线为旋转轴线，结果如图 3—28 所示。

图 3—28

# 任务十一 基准面

基准平面是草图和实体赖以生存的平面，它的作用是确定草图在哪个基准面上绘制。这就好像我们想用稿纸写文章，首先选择一页稿纸一样。基准面可以是特征树中已有的坐标平面，也可以是实体中生成的某个平面，还可以是通过某特征构造出的面。

**(一) 操作过程**

（1）单击【造型】→【特征生成】→【基准面】，或者直接单击 按钮，弹出"构造基准面"对话框，如图 3—29 所示。

（2）根据构造条件，需要时填入距离或角度，单击"确定"完成操作。

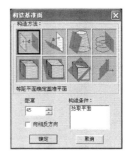

图 3—29

## （二）操作类型

构造平面的方法包括以下几种：等距平面确定基准平面、过直线与平面成夹角确定基准平面、生成曲面上某点的切平面、过点且垂直于直线确定基准平面、过点且平行平面确定基准平面、过点和直线确定基准平面、三点确定基准平面。

构造条件中主要是需要拾取的各种元素。

## （三）实例

在作弹簧时，要在螺旋线端点的法平面上构造一基准面，用以绘制草图。选择以螺旋线和其端点为构造基准面的两个条件。结果如图 3－30 所示。

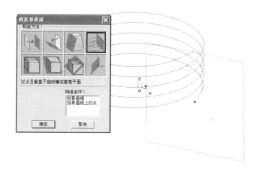

图 3－30

# 任务十二　抽　壳

抽壳就是根据指定壳体的厚度将实心物体抽成内空的薄壳体。

## （一）操作过程

（1）单击【造型】→【特征生成】→【抽壳】，或者直接单击按钮，弹出"抽壳"对话框，如图 3－31 所示。

图 3—31

（2）填入抽壳厚度，选取需抽去的面，单击"确定"完成操作。

**（二）操作参数**

抽壳可以是等壁厚，也可以是不等壁厚。厚度是指抽壳后实体的壁厚。需抽去的面是指要拾取，去除材料的实体表面。

**（三）实例**

长方体等壁厚抽壳，需抽去的面为上表面，壁厚为 2，结果如图 3—32（a）所示。长方体等壁厚抽壳，需抽去的面为上表面及前表面，壁厚为 2，结果如图 3—32（b）所示。长方体不等壁厚抽壳，需抽去的面为上表面及前表面，壁厚为 2 及 6，结果如图 3—32（c）所示。

a                    b                    c

图 3—32

# 任务十三　筋　板

筋板就是在指定位置增加加强筋。

## （一）操作过程

（1）单击【造型】→【特征生成】→【筋板】，或者直接单击 按钮，弹出"筋板特征"对话框，如图3-33所示。

图 3-33

（2）选取筋板加厚方式，填入厚度，拾取草图，单击"确定"完成操作。

## （二）操作类型

筋板有"单向加厚"和"双向加厚"两种方式。单向加厚是指按照固定的方向和厚度生成实体。双向加厚是指按照相反的方向生成给定厚度的实体。

## （三）实例

图3-34所示为双向加厚生成筋板实体。

图 3-34

# 任务十四　孔

打孔就是指在平面上直接去除材料生成各种类型的孔的操作。

### （一）操作过程

（1）单击【造型】→【特征生成】→【孔】，或者直接单击 按钮，弹出"孔的类型"对话框，如图 3－35 所示。

（2）拾取打孔平面，选择孔的类型，指定孔的定位点，点击"下一步"，填入孔的参数，单击"确定"完成操作。

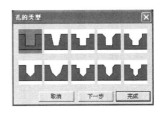

图 3－35

### （二）操作参数

在孔的参数中主要有圆柱孔的直径、深度，圆锥孔的大径、小径、深度，沉孔的大径、深度、角度和钻头的参数等。通孔是指将整个实体贯穿。

### （三）实例

图 3－36 所示为孔特征。

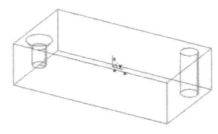

图 3－36

# 任务十五 拔 模

拔模是指保持中性面与拔模面的交轴不变（即以此交轴为旋转轴），对拔模面进行相应拔模角度的旋转操作。

## （一）操作过程

（1）单击【造型】→【特征生成】→【拔模】，或者直接单击  按钮，弹出"拔模"对话框，如图 3－37 所示。

图 3－37

（2）填入拔模角度，选取中立面和拔模面，单击"确定"完成操作。

## （二）操作参数

拔模操作有中立面和分型线两种拔模类型。拔模角度是指拔模面法线与中立面所夹的锐角。中立面是指拔模起始的位置。拔模面是指需要进行拔模的实体表面。

## （三）实例

图 3－38 所示为中立面拔模，图 3－39 所示为分型线拔模。

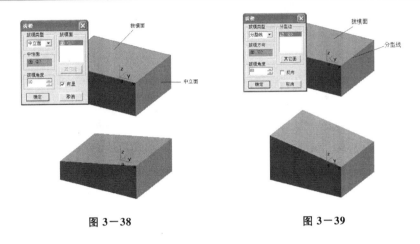

图 3－38                    图 3－39

# 任务十六  型  腔

型腔就是以零件为型腔生成包围此零件的模具。

## （一）操作过程

（1）单击【造型】→【特征生成】→【型腔】，或者直接单击
按钮，弹出"型腔"对话框，如图 3－40 所示。

（2）分别填入收缩率和毛坯放大尺寸，单击"确定"完成操作。

图 3－40

## （二）操作参数

收缩率就是指放大或缩小的比率。毛坯放大尺寸是指在 X、Y、

Z 三个方向和三个反方向上毛坯按最大尺寸所放大的数值。

### （三）实例

图 3－41 所示为米桶盖模型的型腔实体。

图 3－41

# 任务十七 分 模

分模就是使模具按照给定的方式分成几个部分。型腔生成后，通过分模把型腔分开。

### （一）操作过程

（1）单击【造型】→【特征生成】→【分模】，或者直接单击按钮，弹出"分模"对话框。如图 3－42 所示。

图 3－42

（2）选择分模形式和除料方向，拾取草图或曲面，单击"确定"完成操作。

**（二）操作类型**

分模形式包括两种：草图分模和曲面分模。草图分模是指通过所绘制的草图进行分模。曲面分模是指通过曲面进行分模，参与分模的曲面可以是多张边界相连的曲面。

**（三）实例**

图 3－43 所示为香皂型腔分模。

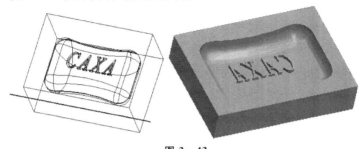

**图 3－43**

# 任务十八　实体布尔运算

实体布尔运算将另一个实体并入，与当前零件实现交、并、差的运算，形成新的实体。

**（一）操作过程**

（1）单击【造型】→【特征生成】→【实体布尔运算】，或者直接单击 按钮，弹出"打开"对话框，如图 3－44 所示。

（2）选取文件，单击"打开"，弹出对话框，如图 3－45 所示。

（3）选择布尔运算方式，给出定位点。

（4）选取定位方式。若为拾取定位的 X 轴，则选择轴线，输入旋转角度，单击"确定"完成操作。若为给定旋转角度，则输入角度一和角度二，单击"确定"完成操作。

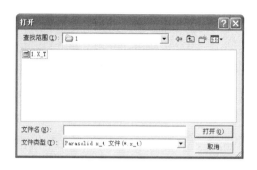

图 3－44

图 3－45

## （二）操作类型

布尔运算方式：是指当前零件与输入零件的交、并、差，包括如下三种：

当前零件∪输入零件：是指当前零件与输入零件的交集。

当前零件∩输入零件：是指当前零件与输入零件的并集。

当前零件－输入零件：是指当前零件与输入零件的差。

定位方式是用来确定输入零件的具体位置，包括以下两种方式：

拾取定位的 X 轴：是指以空间直线作为输入零件自身坐标架的 X 轴（坐标原点为拾取的定位点），旋转角度是用来对 X 轴进行旋转以确定 X 轴的具体位置。

给定旋转角度：是指以拾取的定位点为坐标原点，用给定的两角度来确定输入零件的自身坐标架的 X 轴，包括角度一和角度二。

角度一：其值为 X 轴与当前世界坐标系的 X 轴的夹角。

角度二：其值为 X 轴与当前世界坐标系的 Z 轴的夹角。

## （三）实例

图 3－48 所示实体为图 3－46 所示实体与图 3－47 所示实体的差运算。

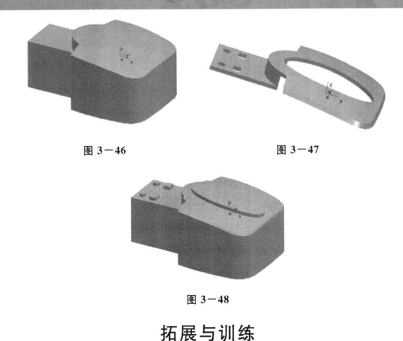

图 3—46　　　　　　　　　　图 3—47

图 3—48

# 拓展与训练

1. 根据给出尺寸的两面视图，补画出第三面视图。

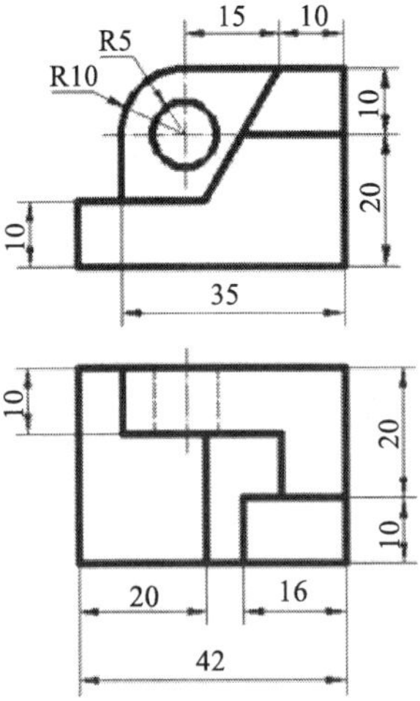

图 3—49 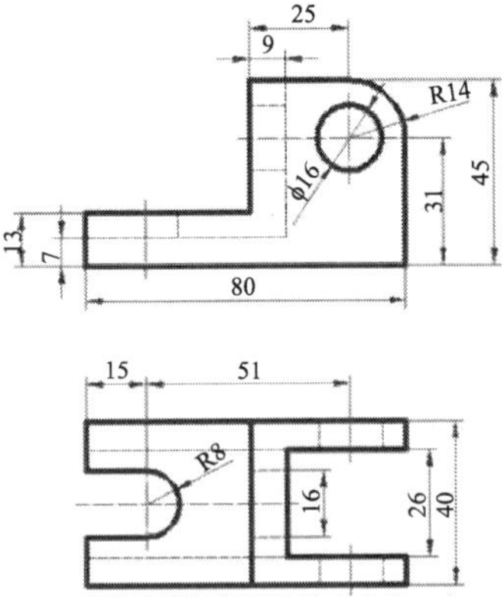　　　　　　　　　　图 3—50

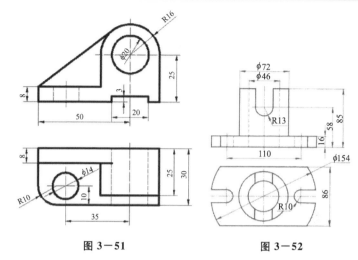

图 3－51　　　　　　图 3－52

2. 根据零件图完成三维造型

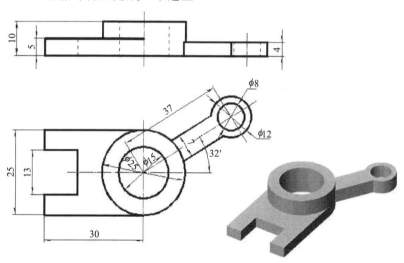

图 3－53

113

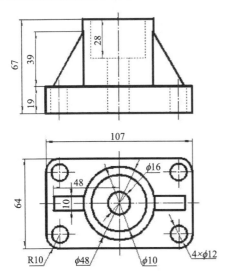

图 3－54

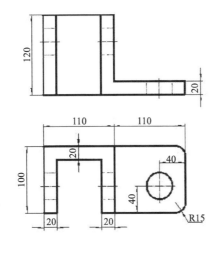

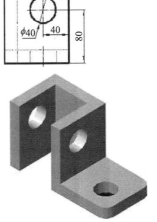

图 3－55

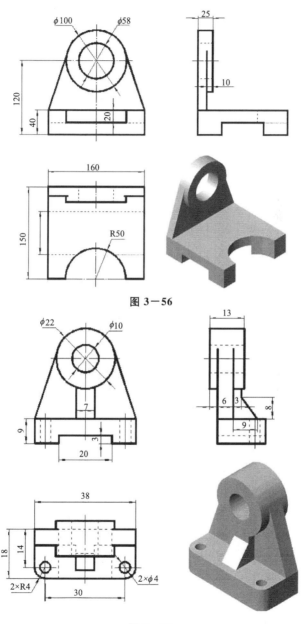

图 3－56

图 3－57

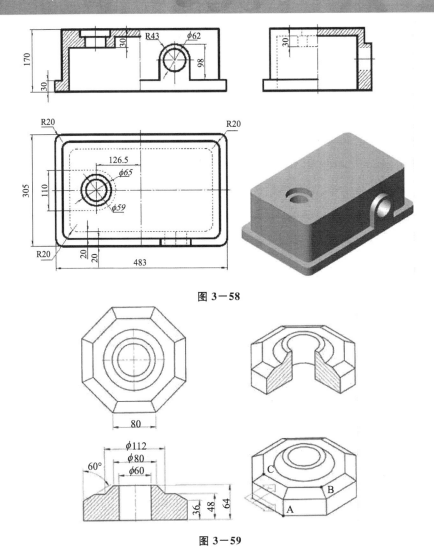

图 3－58

图 3－59

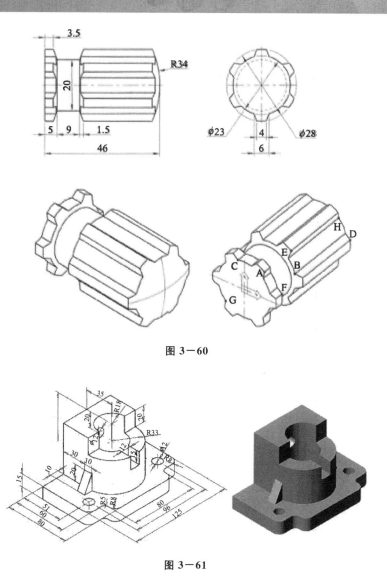

图 3－60

图 3－61

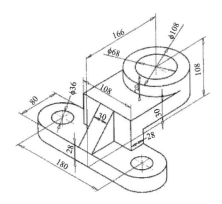

图 3-62

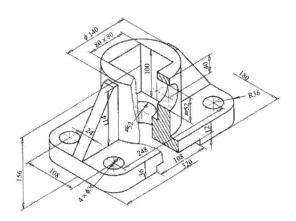

图 3-63

# 项目四　加工轨迹的生成

## 任务一　数控加工功能的相关操作和设定

CAXA 制造工程师 2004 提供其加工轨迹的生成方法分粗加工、精加工、补加工和槽加工 4 大类，其中粗加工有 7 种加工方法、精加工有 9 种加工方法、补加工有 3 种方法、槽加工有 2 种方法。本章主要介绍 CAXA 制造工程师 2004 的加工轨迹的主要生成方法。

### （一）模型

"模型"功能提供视图模型显示和模型参数显示功能，特征树中图标为 ⬡ 模型，单击该图标在绘图区以红色线条显示零件模型，双击该图标显示零件模型参数，如图 4－1 所示。在该界面上显示模型预览和几何精度，用户可以对几何精度进行重新定义。

### （二）毛坯

#### 1. 定义毛坯

当进入加工时，首先要构建零件毛坯。单击【加工】→【定义毛坯】或双击特征树中图标 ⬛ 毛坯，弹出"定义毛坯"对话框，如图 4－2 所示。单击确定后如图 4－3 所示。

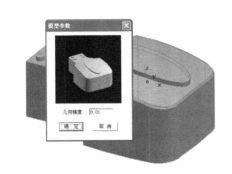

图 4-1

图 4-2

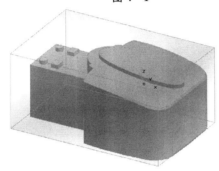

图 4-3

2. 毛坯参数

系统提供了三种毛坯定义的方式:

(1) 两点方式:通过拾取毛坯的两个角点(与顺序、位置无关)来定义毛坯。

(2) 三点方式:通过拾取基准点,拾取定义毛坯大小的两个角点(与顺序、位置无关)来定义毛坯。

(3) 参照模型:系统自动计算模型的包围盒,以此作为毛坯。

基准点:毛坯在世界坐标系(.sys.)中的左下角点。

(三) 起始点

"起始点"功能是设定全局刀具起始点的位置,特征树图标为起始点。双击该图标弹出"刀具起始点"对话框。如图4-4所示。

图4-4

图4-5

## （四）刀具轨迹

显示加工的刀具轨迹及其所有信息，并可在特征树中对这些信息进行编辑。在特征树中的图标为，展开后可以看到所有信息。

图4-5是一个加工实例的轨迹显示。

### 1．轨迹数据

单击轨迹数据后以红色显示该加工步骤刀具轨迹，在绘图区上右击，则可对刀具轨迹进行编辑，如图4-6所示。在右键菜单中共有八项参数，可以分别对刀具轨迹进行删除、平移、拷贝、粘贴、隐藏、编辑颜色、层设置和属性操作。

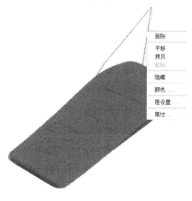

图4-6

2. 加工参数

双击  加工参数，系统弹出该加工参数对话框，可重新对加工参数、切入切出、加工边界、加工用量及刀具参数等进行设定。如果对其进行过改变，则单击确认后，系统将提示是否需要重新生成刀具轨迹，如图 4-7 所示。

**图 4-7**

3. 刀具

图标 铣刀 D2 No：0 R：1.00 r：1.00 显示了刀具的简单信息。双击该项，则弹出"刀具参数"对话框，可对刀具参数进行编辑。该功能和所有的加工选项中的刀具参数是相同的。

**（五）通用参数设置**

1. 切入切出

"切入切出"选项卡菜单在大部分加工方法中都存在，其作用是设定加工过程中刀具切入切出方式。图 4-8 为区域式粗加工"切入切出"选项卡。

接近方式有以下两种情况：

（1）XY 向：Z 方向垂直切入。

（2）螺旋：在 Z 方向以螺旋状切入。

接近方式为 XY 向时，有以下三种情况。

（1）不设定：不设定水平接近。

（2）圆弧：设定圆弧接近。所谓圆弧接近是指在轮廓加工和等高线加工等功能中，从形状的相切方向开始以圆弧的方式接近工件。刀路轨迹如图 4-9 所示。

半径：输入接近圆弧的半径。输入 0 时，不添加圆弧。输入负值时，以刀具直径的倍数作为圆弧接近。

角度：输入接近圆弧的角度。输入 0 时，不添加圆弧。

（3）直线：水平接近设定为直线。刀路轨迹如图 4－10 所示。

长度：输入直线接近的长度。输入 0 时，不附加直线。

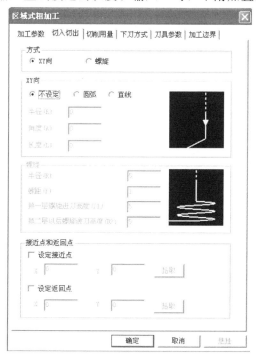

图 4－8

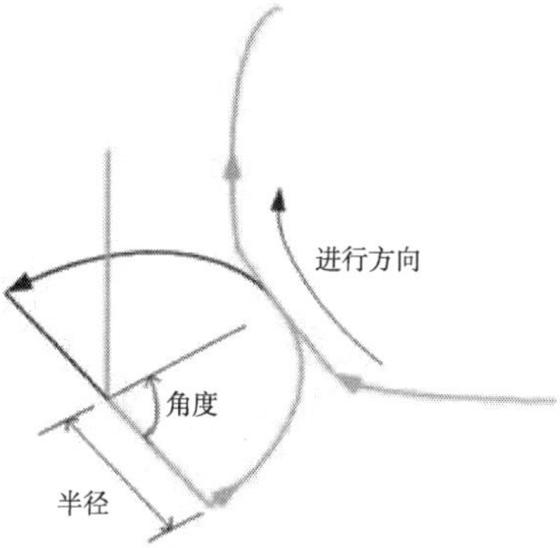

图 4－9 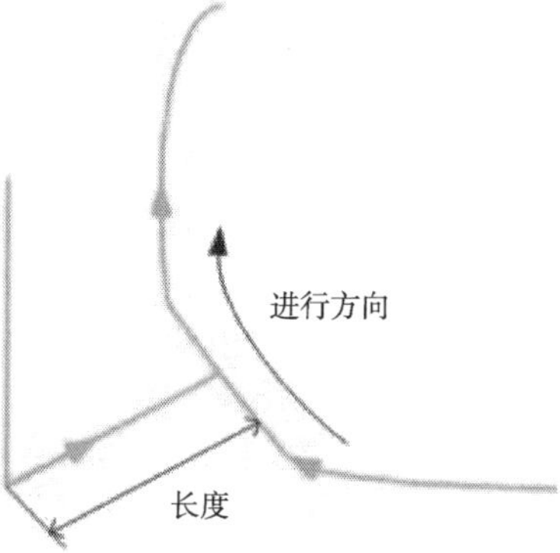　　　　　　　　　　图 4－10

接近方式为螺旋时刀路轨迹如图 4—11 所示，参数设定如下：

半径：输入螺旋的半径。

螺距：用于螺旋 1 回时的切削量输入。

第一层螺旋进刀高度：用于第一段领域加工时螺旋切入的开始高度的输入。

第二层以后螺旋进刀高度：输入第二层以后领域的螺旋接近切入深度。切入深度由下一加工层开始的相对高度设定，需输入大于路径切削深度的值。

**注意：**螺旋接近不检查对模型的干涉，请输入不发生干涉的螺旋半径。

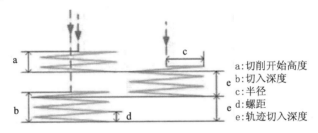

a:切削开始高度
b:切入深度
c:半径
d:螺距
e:轨迹切入深度

图 4—11

根据模型或者加工条件，从接近点开始移动或者移动到返回点的部分可能与领域发生干涉的情况。避免的方法有变更接近位置点或者返回位置点。

（1）设定接近点：设定下刀时接近点的 XY 坐标。拾取为直接从屏幕上拾取。刀路轨迹如图 4—12 所示。

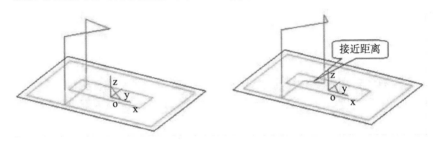

接近距离

图 4—12

（2）设定返回点：设定退刀时返回点的 XY 坐标。拾取为直接从屏幕上拾取。刀路轨迹如图 4—13 所示。

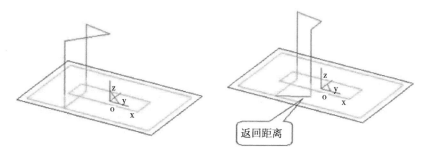

图 4—13

2. 下刀方式

"下刀方式"选项卡菜单在所有加工方法中都存在，其作用是设定加工过程中刀具下刀方式。图 4—14 为区域式粗加工"下刀方式"选项卡。

（1）安全高度：刀具快速移动而不会与毛坯或模型发生干涉的高度，有相对与绝对两种模式，单击相对或绝对按钮可以实现二者的互换。

①相对：以切入或切出或切削开始或切削结束位置的刀位点为参考点。

②绝对：以当前加工坐标系的 XOY 平面为参考平面。

③拾取：单击后可以从工作区选择安全高度的绝对位置高度点。

（2）慢速下刀距离：在切入或切削开始前的一段刀位轨迹的位置长度。这段轨迹以慢速下刀速度垂直向下进给，如图 4—15 所示。有相对与绝对两种模式，单击相对或绝对按钮可以实现二者的互换。

①相对：以切入或切削开始位置的刀位点为参考点。

②绝对：以当前加工坐标系的 XOY 平面为参考平面。

③拾取：单击后可以从工作区选择慢速下刀距离的绝对位置高度点。

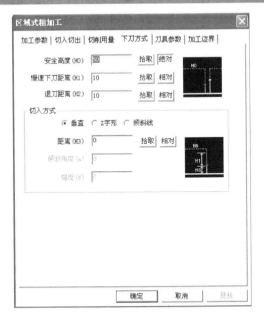

图 4—14

（3）退刀距离：在切出或切削结束后的一段刀位轨迹的位置长度。这段轨迹以退刀速度垂直向上进给，如图 4—16 所示。有相对与绝对两种模式，单击相对或绝对按钮可以实现二者的互换。

①相对：以切出或切削结束位置的刀位点为参考点。

②绝对：以当前加工坐标系的 XOY 平面为参考平面。

③拾取：单击后可以从工作区选择退刀距离的绝对位置高度点。

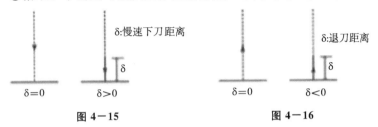

图 4—15　　　　　　　图 4—16

（4）切入方式：CAXA2004 提供了三种通用的切入方式，几乎适用于所有的铣削加工策略，如图 4—17 所示。

①垂直：刀具沿垂直方向切入。

②Z字形：刀具以 Z 字形方式切入。

③倾斜线：刀具以与切削方向相反的倾斜线方向切入。

距离：切入轨迹段的高度，有相对与绝对两种模式，单击相对或绝对按钮可以实现二者的互换。相对指以切削开始位置的刀位点为参考点，绝对指以 XOY 平面为参考平面。单击拾取后可以从工作区选择距离的绝对位置高度点。

幅度：Z字形切入时走刀的宽度。

倾斜角度：Z字形或倾斜线走刀方向与 XOY 平面的夹角。

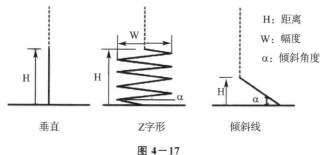

H：距离

W：幅度

α：倾斜角度

垂直　　　　　　Z字形　　　　　倾斜线

图 4—17

3. 切削用量

"切削用量"选项卡菜单在所有加工方法中都存在，其作用是设定加工过程中所有速度值。图4—18为区域式粗加工"切削用量"选项卡。主要参数如下：

主轴转速：设定主轴转速的大小，单位 rpm（转/分）。

慢速下刀速度（F0）：设定慢速下刀轨迹段的进给速度的大小，单位 mm/分。

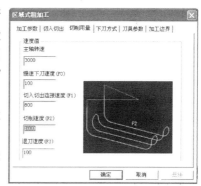

图 4—18

切入切出连接速度（F1）：设定切入轨迹段、切出轨迹段、连接轨迹段、接近轨迹段、返回轨迹段的进给速度的大小，单位 mm/分。

切削速度（F2）：设定切削轨迹段的进给速度的大小，单位mm/分。

退刀速度（F3）：设定退刀轨迹段的进给速度的大小，单位mm/分。

4. 加工边界

"加工边界"选项卡菜单在大部分加工方法中都存在，且都相同，其作用是对加工边界进行设定。图4－19为区域式粗加工"加工边界"选项卡。

（1）Z设定：设定毛坯的有效的Z范围。

图 4－19

①使用有效的Z范围：设定是否使用有效的Z范围，是指使用指定的最大、最小Z值所限定的毛坯的范围进行计算。若不选该项是指使用定义的毛坯的高度范围进行计算。

②最大：指定Z范围最大的Z值，可以采用输入数值和拾取点两种方式。

③最小：指定Z范围最小的Z值，可以采用输入数值和拾取点两种方式。

④参照毛坯：通过毛坯高度范围来定义Z范围最大Z值和指定Z范围最小Z值。

（2）相对于边界的刀具位置：设定刀具相对于边界的位置，如图4－20所示。

①边界内侧：刀具位于边界的内侧。

②边界上：刀具位于边界上。

③边界外侧：刀具位于边界的外侧。

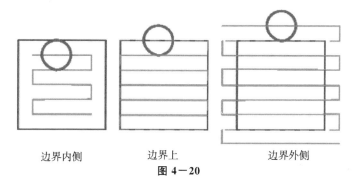

　　边界内侧　　　　　　边界上　　　　　　　边界外侧

图 4—20

5．加工参数

　　在各种加工方法中很多参数是一致的，可称为通用参数，下面对通用参数进行介绍。

　　（1）加工方向："加工方向"在所有加工方法中都存在，其对话框如图 4—21 所示。在某些加工方法中只有顺铣和逆铣两项，如图 4—22所示。其作用是对加工方向进行选择。

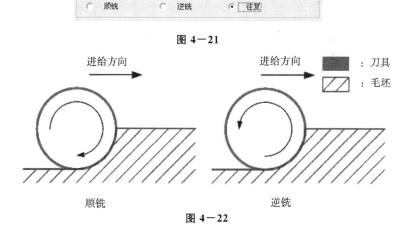

图 4—21

图 4—22

　　①顺铣：生成顺铣的轨迹。

　　②逆铣：生成逆铣的轨迹。

　　③往复：生成往复的轨迹。

（2）参数："参数"在所有加工方法中都存在，其对话框如图 4-23 所示。

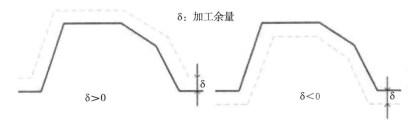

图 4-23

加工精度是指输入模型的加工精度。计算模型的轨迹的误差小于此值。加工精度越大，模型形状的误差也增大，模型表面越粗糙。加工精度越小，模型形状的误差也减小，模型表面越光滑。但是，轨迹段的数目增多，轨迹数据量变大。加工余量是指相对模型表面的残留高度，可以为负值，但不要超过刀角半径，如图 4-24 所示。

δ：加工余量

δ>0      δ<0

图 4-24

（3）加工坐标系和起始点："加工坐标系"和"起始点"在所有加工方法中都存在，其对话框如图 4-25 所示。其作用是对加工坐标系和起始点进行设定。

加工坐标系 | .sys.    起始点 X 0    Y 0    Z 50

图 4-25

①加工坐标系：生成轨迹所在的局部坐标系。单击加工坐标系按钮可以从工作区中拾取。

②起始点：刀具的初始位置和沿某轨迹走刀结束后的停留位置。单击起始点按钮可以从工作区中拾取。

（4）拐角半径："拐角半径"在大部分加工方法中都存在，其对话框如图 4－26 所示。其作用是在拐角部插补圆角，其轨迹如图 4－27所示。

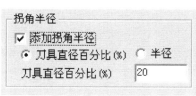

**图 4－26**

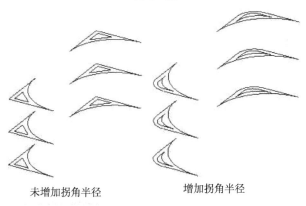

未增加拐角半径　　　　　　增加拐角半径

**图 4－27**

①添加拐角半径：设定在拐角部插补圆角 R。高速切削时减速转向，防止拐角处的过切。

②刀具直径比：指定插补圆角 R 的圆弧半径相对于刀具直径的比率（％）。例：刀具直径比为 20 （％），刀具直径为 50 的话，插补的圆角半径为 10。

③半径：指定插补圆角的最大半径。

6.其他常用参数说明

（1）XY 切入。

①行距：XY 方向的相邻扫描行的距离。

②残留高度（图 4－28）：由球刀铣削时，输入铣削通过时的残余量（残留高度）。当指定残留高度时，会提示 XY 切削量。

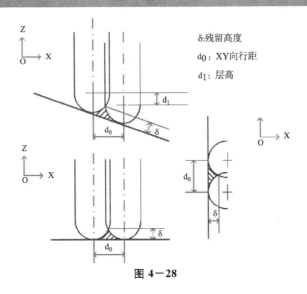

图 4-28

（2）Z 切入。Z 向切削设定有以下两种定义方式：

①层高：Z 向每加工层的切削深度。

②残留高度：系统会根据输入的残留高度的大小计算 Z 向层高。

③最大层间距（图 4-29）：输入最大 Z 向切削深度。根据残留高度值在求得 Z 向的层高时，为防止在加工较陡斜面时可能层高过大，限制层高在最大层间距的设定值之下。

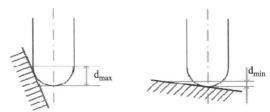

图 4-29

④最小层间距：输入最小 Z 向切削深度。根据残留高度值在求得 Z 向的层高时，为防止在加工较平坦面时可能层高过小，限制层高在最小层间距的设定值之上。

（3）切削模式。XY 切削模式设定有以下三种选择。

①环切：生成环切加工轨迹。

②平行（单向）：只生成单方向的加工的轨迹。快速进刀后，进行一次切削方向加工。

③平行（往复）：即使到达加工边界也不进行快速进刀，继续往复地加工。

（4）进行角度（图4-30）：输入0°，生成与X轴平行的扫描线轨迹。输入90°，生成与Y轴平行的扫描线轨迹。输入值范围是0°～360°。

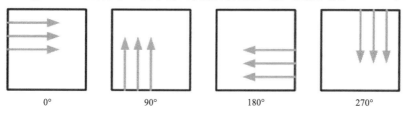

| 0° | 90° | 180° | 270° |

图4-30

（5）加工顺序（图4-31）。

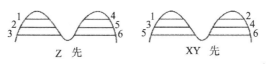

图4-31

①Z优先：以被识别的山或谷为单位进行加工。自动区分出山和谷，逐个进行由高到低的加工（若加工开始结束是按Z向上的情况则是由低到高）。若断面为不封闭形状时，有时会变成XY方向优先。

②XY优先：按照Z进刀的高度顺序加工。即仅仅在XY方向上由系统自动区分的山或谷按顺序进行加工。

（6）行间连接方式。行间连接方式有以下3种类型。如图4-32所示。

①直线：行间连接的路径为直线形状。

②圆弧：行间连接的路径为半圆形状。

③S形：行间连接的路径为S字形状。

图 4—32

（7）平坦部识别：自动识别模型的平坦区域，选择是否根据该区域所在高度生成轨迹。其对话框如图 4—33 所示。

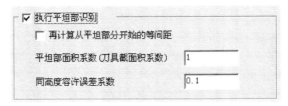

图 4—33

①再计算从平坦部分开始的等间距：设定是否根据平坦部区域所在高度重新度量 Z 向层高，生成轨迹。选择不再计算时，在 Z 向层高的路径间，插入平坦部的轨迹，如图 4—34 所示。

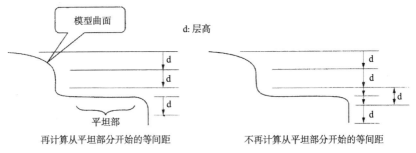

图 4—34

②平坦部面积系数：根据输入的平坦部面积系数（刀具截面积系数），设定是否在平坦部生成轨迹。比较刀具的截面积和平坦部分的面积满足下列条件时，生成平坦部轨迹：平坦部分面积＞刀具截面积×平坦部面积系数（刀具截面积系数）。

③同高度容许误差系数（Z 向层高系数）：同一高度的容许误差量（高度量）＝Z 向层高×同高度容许误差系数（Z 向层高系数）。

# 任务二　粗加工方法

## （一）区域式粗加工

该加工方法属于两轴加工，其优点是不必有三维模型，只要给出零件的外轮廓和岛屿，就可以生成加工轨迹。如图 4—35 所示。

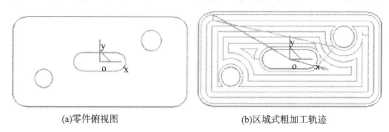

(a)零件俯视图　　　　　　　　(b)区域式粗加工轨迹

**图 4—35**

区域式粗加工的加工参数如图 4—36 所示。

**图 4—36**

在加工完成的最后，有是否进行轮廓加工选项，即是否用刀具清一下轮廓，效果如图 4－37 所示。

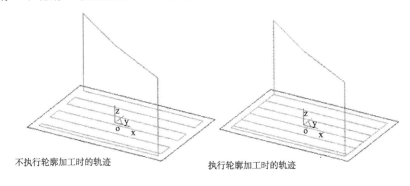

不执行轮廓加工时的轨迹　　　　　　执行轮廓加工时的轨迹

图 4－37

## （二）等高线粗加工

该加工方式较通用的粗加工方式，适用范围广；它可以高效地去除毛坯的大部余量，并可根据精加工要求留出余量，为精加工打下一个良好的基础；可指定加工区域，优化空切轨迹。图 4－38 是一等高线粗加工的例子。

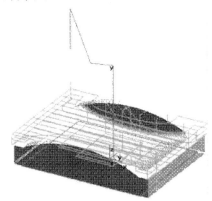

图 4－38

等高线粗加工的加工参数如图 4－39 和图 4－40 所示。

"选项"包括以下两种选择：

1. 删除面积系数：基于输入的删除面积系数，设定是否生成微小轨迹。刀具截面积和等高线截面面积若满足下面的条件时，删除该等高线截面的轨迹：等高线截面面积＜刀具截面积×删除面积系数（刀具截面积系数）。要删除微小轨迹时，该值比较大。相反，要生成微小轨迹时，请设定小一点的值。通常请使用初始值。

2. 删除长度系数：基于输入的删除长度系数，设定是否做成微小轨迹。刀具截面积和等高截面线长度若满足下面的条件时，删除该等高线截面的轨迹：等高截面线长度＜刀具直径×删除长度系数（刀具直径系数）。要删除微小轨迹时，该值比较大。相反，要生成微小轨迹时，请设定小一点的值。通常请使用初始值。

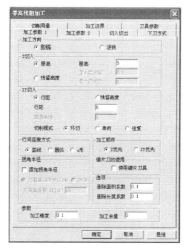

图 4-39

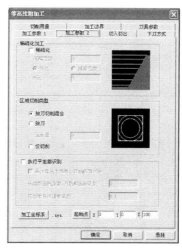

图 4-40

稀疏化加工为粗加工后的残余部分，用相同的刀具从下往上生成加工路径，如图 4-41 所示。这是一种类似于半精加工的加工方法，特别对于切深在、轮廓斜度在的加工条件而言，这种方法对于提高加工效率、改善粗加工后的轮廓精度很有好处。此外，这种方法对于避免或者减小精加工台阶轮廓很有好处。

（1）稀疏化：确定是否稀疏化。

（2）间隔层数：从下向上设定欲间隔的层数。

（3）步长：对于粗加工后阶梯形状的残余量，设定 X－Y 方向的切削量。

（4）残留高度：由球刀铣削时，输入铣削通过时的残余量（残留高度）。指定残留高度时，XY 切入量被导向显示。

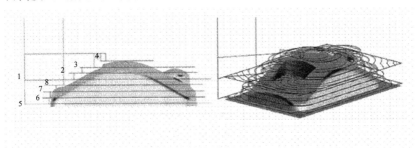

图 4－41

区域切削类型：在加工边界上重复刀具路径的切削类型有以下几种选择。如图 4－42 所示。

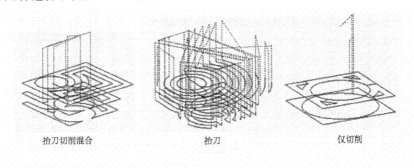

抬刀切削混合　　　　　抬刀　　　　　仅切削

图 4－42

1. 抬刀切削混合：在加工对象范围中没有开放形状时，在加工边界上以切削移动进行加工。有开放形状时，回避全部的段。此时的延长量如下所示：

切入量＜刀具半径/2 时，延长量＝刀具半径＋行距。

切入量＞刀具半径/2 时，延长量＝刀具半径＋刀具半径/2。

2. 抬刀：刀具移动到加工边界上时，快速往上移动到安全高度，再快速移动到下一个未切削的部分（刀具往下移动位置为"延长量"远离的位置）。

延长量：输入延长量，其定义如图4—43所示。

3. 仅切削：在加工边界上用切削速度进行加工。

**注意**：加工边界（没有时为工件形状）和凸模形状的距离在刀具半径之内时，会产生残余量。对此，加工边界和凸模形状的距离要设定比刀具半径大一点，这样可以设定"区域切削类型"为"抬刀切削混合"以外的设定。

**（三）扫描线粗加工**

该加工方式是适用于较平坦零件的粗加工方式。图4—44是一扫描线粗加工的例子。

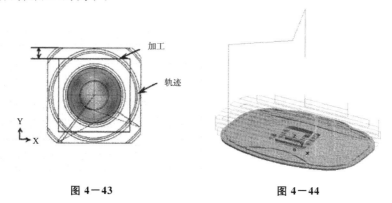

图4—43　　　　　　　　　图4—44

扫描线粗加工的加工参数如图4—45所示。

扫描线粗加工的加工方法有三种：精加工、顶点路径和顶点继续路径。

1. 精加工：生成沿着模型表面进给的精加工轨迹。

2. 顶点路径：生成遇到第一个顶点则快速抬刀至安全高度的加工轨迹。

3. 顶点继续路径：在已完成的加工轨迹中，生成含有最高顶点的加工轨迹，即达到顶点后继续走刀，直到上一加工层路径位置后快速抬刀至回避高度的加工轨迹，如图4—46所示。

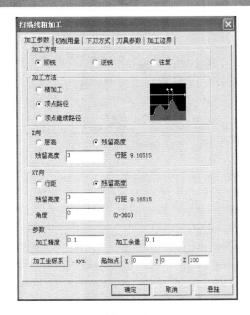

图 4—45

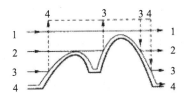

(a)精加工

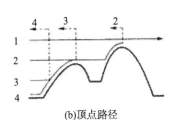

(b)顶点路径

(c)顶点继续路径

图 4—46

### （四）导动线粗加工

导动线粗加工方式生成导动线粗加工轨迹。导动加工是二维加工的扩展，也可以理解为平面轮廓的等截面加工，是用轮廓线沿导动线平行运动生成轨迹的方法。它相当于平行导动曲面的算法，只不过生成的不是曲面而是轨迹。其截面轮廓可以是开放的也可以是封闭的，导动线必须是开放的。其加工轨迹是二轴半轨迹，利用这一功能可以将需要 3 轴加工的曲面变成 2.5 轴加工，可以简化造型，明显提高了加工效率。这是一种很有用的加工方法。图 4—47 是导动线粗加工一实例。

图 4—47

导动线粗加工的加工参数如图 4—48所示。

图 4—48

截面指定方法有以下两种选择：

1. 截面形状：参照加工领域的截面形状所指定的形状。

2. 倾斜角度：以指定的倾斜角度做成一定倾斜的轨迹。输入倾斜角度的输入范围为 $0°\sim90°$。

截面认识方法有以下两种选择：

1. 向上方向：对于加工领域，指定朝上的截面形状（倾斜角度方向），生成的轨迹如图 4－49 所示。

2. 向下方向：对于加工领域，指定朝下的截面形状（倾斜角度方向），生成的轨迹如图 4－50 所示。

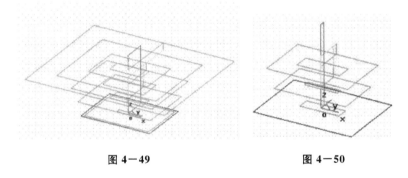

图 4－49               图 4－50

# 任务三　精加工方法

### （一）参数线精加工

参数线精加工是生成单个或多个曲面的按曲面参数线行进的刀具轨迹，如图 4－51 所示。对于自由曲面一般采用参数曲面方式来表达，因此按参数分别变化来生成加工刀位轨迹便利合适。

参数线精加工的加工参数如图 4－52 所示。

当刀具遇到干涉面时，可以选择"抬刀"，也可以选择"投影"来避让。

抬刀：通过抬刀，快速移动，下刀完成相邻切削行间的连接。

投影：在需要连接的相邻切削行间生成切削轨迹，通过切削移动来完成连接。限制面有两种："第一系列限制面"和"第二系列限制面"。

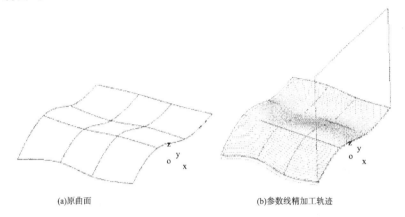

(a)原曲面　　　　　　　　　　　　　(b)参数线精加工轨迹

图 4—51

图 4—52

　　第一系列限制面指刀具轨迹的每一行，在刀具恰好碰到限制面时（已考虑干涉余量）停止，即限制刀具轨迹每一行的尾，如图

4－53所示。顾名思义，第一系列限制面可以由多个面组成。

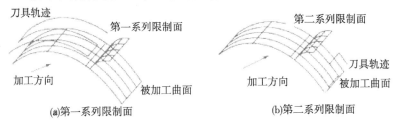

(a)第一系列限制面　　　　　　　(b)第二系列限制面

**图 4－53**

第二系列限制面限制刀具轨迹每一行的头，如图 4－53 所示。

同时用第一系列限制面和第二系列限制面可以得到刀具轨迹每行的中间段。如图 4－54 所示。

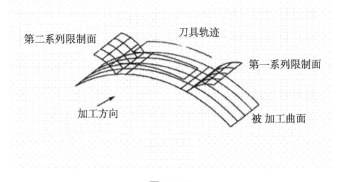

**图 4－54**

CAM 系统对限制面与干涉面的处理不一样：碰到干涉面，刀具轨迹让刀；碰到限制面，刀具轨迹的该行就停止。在不同的场合，要灵活应用。

### （二）等高线精加工

等高线精加工可以完成对曲面和实体的加工，轨迹类型为 2.5 轴，可以用加工范围和高度限定进行局部等高加工，还可以通过输入角度控制对平坦区域的识别，并可以控制平坦区域的加工先后次序。图 4－55 为香皂模型的等高线精加工轨迹。

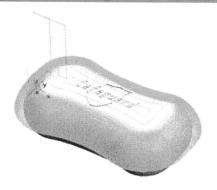

图 4—55

等高线精加工的加工参数如图 4—56 和图 4—57 所示。

路径的生成方式有如下 4 种选择：

（1）不加工平坦部：仅仅生成等高线路径。

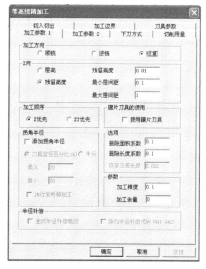

图 4—56

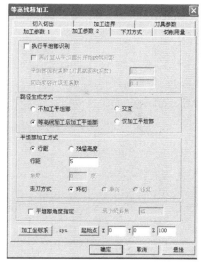

图 4—57

（2）交互：将等高线断面和平坦部分交互进行加工。这种加工方式可以减少对刀具的磨损，以及热膨胀引起的段差现象。

**注**①计算出作为轮廓的等高线断面和平坦部分，首先加工周围的等高线断面，然后再加工平坦部分。

②等高线断面的加工顺序是基于基路径的顺序，从外观上来看，与减少段差的意图不相称。

（3）等高线加工后加工平坦部：生成等高线路径和平坦部路径连接起来的加工路径。

（4）仅加工平坦部：仅仅生成平坦部分的路径。

平坦面是个相对概念，因此，应给定一角度值来区分平坦面或陡峭面，即给定平坦面的"最小倾斜角度"。为是平坦部，不生成等高线路径，而生成扫描线路径。

### （三）扫描线精加工

扫描线精加工在加工表面比较平坦的零件时能取得较好的加工效果。图 4—58 为某装饰品的扫描线精加工轨迹。

图 4—58

扫描线精加工的加工参数如图4—59所示。

图 4—59

在遇到端刀走坡度时，规定有三种形式：通常、下坡式、上坡式，如图4-60所示。

对于界定坡度的大小，系统给定"坡容许角度"，即上坡式和下坡式的容许角度。例如，在上坡式中即使一部分轨迹向下走，但只要小于坡容许角度，仍被视为向上，生成上坡式轨迹。在下坡式中即使一部分轨迹向上走，但只要小于坡容许角度，仍被视为向下，生成下坡式轨迹。坡容许角度的含义如图4-61所示。

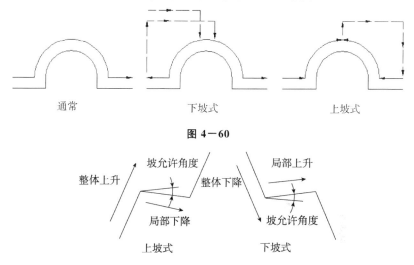

图4-60

图4-61

在行间连接方式上有"抬刀"和"投影"两种连接。"抬刀"是先快速抬刀，然后快速移动，最后下刀完成相邻切削行间的连接。而"投影"则是在需要连接的相邻行间生成切削轨迹，通过切削移动来完成连接。

但是，"投影"选项受到"最大投影距离"的影响。当行间连接距离（XY向）小于最大投影距离时，则采用投影方式连接，否则，采用抬刀方式连接。

当用本功能切削比较陡峭的零件时，在与行方向平行的陡坡上，在行间容易产生较大的残余量，从而达不到加工精度的要求，这些区域被视为未精加工区；当行间的空间距离较大时，也容易产生较大的残余量，这些区域也被视为未精加工区。所以，未精加工区是由行距及未精加工区判定角度联合决定的。未精加工区的轨迹方向与扫描线轨迹方向成 90°夹角，行距相同。如何加工未精加工区有以下四种选择：

1. 不加工未精加工区：只生成扫描线轨迹。
2. 先加工未精加工区：生成未精加工区轨迹后再生成扫描线轨迹。
3. 后加工未精加工区：生成扫描线轨迹后再生成未精加工区轨迹。
4. 仅加工未精加工区：仅仅生成未精加工区轨迹。

关于未精加工区的加工有以下两个重要的参数：

未精加工区延伸系数：设定未精加工区轨迹的延长量，即 XY 向行距的倍数，如图 4－62 所示。

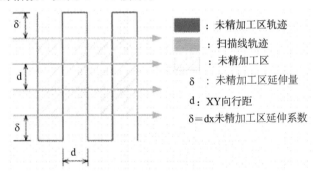

图 4－62

未精加工区判定角度：即未精加工区轨迹的倾斜程度判定角度，将这个范围视为未精加工区生成轨迹。如图 4－63 所示。

### （四）浅平面精加工

浅平面精加工能自动识别零件模型中平坦的区域，针对这些区域生成精加工刀路轨迹，大大提高零件平坦部分的精加工效率。图 4－64 为手机模型的浅平面精加工轨迹。

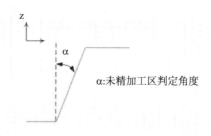

α:未精加工区判定角度

**图 4-63**

浅平面精加工的加工参数如图 4-65 所示。

**图 4-64**

**图 4-65**

行间连接有如下两种方式：

（1）抬刀：通过抬刀，快速移动，下刀完成相邻切削行间的连接。

（2）投影：在需要连接的相邻切削行间生成切削轨迹，通过切削移动来完成连接。

最大投影距离：投影连接的最大距离。当行间连接距离（XY向）≤最大投影距离时，采用投影方式连接，否则，采用抬刀方式连接。

"平坦部识别"如图 4-66 所示，有以下选项：

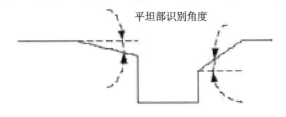

图 4-66

（1）最小角度：输入作为平坦部的最小角度。水平方向为 0°，输入的数值范围为 0°～ 90°。

（2）最大角度：输入作为平坦部的最大角度。水平方向为 0°，输入的数值范围为 0°～ 90°。

（3）延伸量：是指从设定的平坦区域向外的延伸量，如图 4-67 所示。

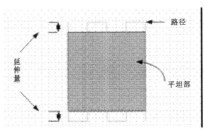

图 4-67

**（五）导动线精加工**

导动线精加工通过拾取曲线的基本形状与截面形状，生成等高线分布的轨迹。图 4-68 为米桶盖凹模的导动线精加工轨迹。

导动线精加工的加工参数如图 4-69 所示。

截面指定方法有以下两种选择：

（1）截面形状：参照加工领域的截面形状所指定的形状。

（2）倾斜角度：以指定的倾斜角度，作成一定倾斜的轨迹。输入倾斜角度的范围为 0°～90°。

截面的认识方法有以下 4 种选择。对于加工领域设定的箭头方向，指定截面形状及上下方向。不能参照三维截面形状。

　　加工领域为逆时针时，凹模、凸模（内外）关系相反。以下是各个方向时所生成的加工轨迹。图中绿色线条为轨迹截图，黑色线条为加工领域，左侧的图中加工领域为顺时针方向，右侧的图中加工领域为逆时针方向。

图 4—68

图 4—69

1. 向上方向（右）（图 4—70 所示）。

加工领域为顺时针时，凸模形状作成顺铣轨迹。

151

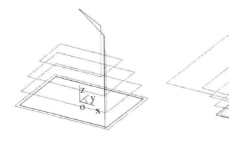

图 4—70

加工领域为逆时针时，凹模形状作成顺铣轨迹。

2. 向下方向（右）（图 4—71）

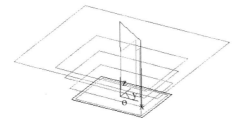

图 4—71

加工领域为顺时针时，凹模形状作成逆铣轨迹。

加工领域为逆时针时，凸模形状作成逆铣轨迹。

3. 向下方向（左）（图 4—72）

加工领域为顺时针时，凸模形状作成顺铣轨迹。

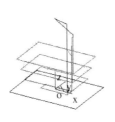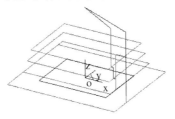

图 4—72

加工领域为逆时针时，凹模形状作成顺铣轨迹。

4. 向上方向（左）（图 4—73）

加工领域为顺时针时，凹模形状作成顺铣轨迹。

加工领域为逆时针时，凸模形状作成顺铣轨迹。

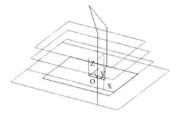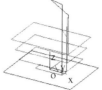

图 4－73

### （六）轮廓线精加工

这种加工方式在毛坯和零件形状几乎一致时最能体现优势。当毛坯和零件形状不一致时，使用这种加工方法会出现很多空行程，反而影响加工效率。图 4－74 为手机模型的轮廓线精加工轨迹。

图 4－74

轮廓线精加工的加工参数如图 4－75 所示。

偏移类型有以下两种方式选择。根据偏移类型的选择，后面的参数可以在"偏移方向"或者"接近方法"间切换。

（1）偏移：对于加工方向，生成加工边界右侧还是左侧的轨迹。偏移侧由"偏移方向"指定。

（2）边界上：在加工边界上生成轨迹。"接近方法"中指定刀具接近侧。

"偏移类型"选择为"偏移"时设定。对于加工方向，相对加工范围偏移在哪一侧，有以下两种选择。如图 4－76 所示，不指定加工范围时，以毛坯形状的顺时针方向作为基准。

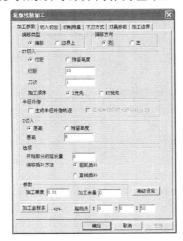

图 4—75

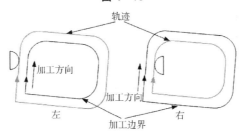

图 4—76

（1）右：在右侧做成偏移轨迹。

（2）左：在左侧生成偏移轨迹。

开始部分的延长量如图 4—77 所示。在设定领域是开放形状时，在切削截面的开始和结束位置，增加相切方向的接近部轨迹和返回部轨迹。由于没有考虑到对切削截面的干涉，故要求设定不发生干涉的值。

### （七）限制线精加工

这种加工方式利用一组或两组曲线作为限制线，可在零件某一区域内生成精加工轨迹。也可用此方法生成特殊形状零件的刀具轨迹。适用于曲面分布不均或加工特定形状的场合。

图 4－77

限制线精加工的加工参数如图 4－78 所示。

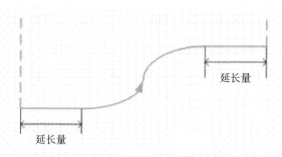

图 4－78

"XY 向切入"有以下选择：

（1）2D 步长：XOY 投影面上（二维平面），保持一定的进给量。

（2）3D 步长：在实体模型上（三维空间），保持一定的进给量。

（3）步长：设定 2D 或 3D 的进给量。

路径类型有如下四种方式（图 4－79 和图 4－80）：

（1）偏移：使用一条限制线，做成平行于限制线的刀具轨迹。

（2）法线方向：使用一条限制线，做成垂直于限制线方向的刀具轨迹。

（3）垂直方向：使用 2 条限制线，做成垂直于限制线方向的刀具轨迹，加工区域由两条限制线确定。

（4）平行方向：使用 2 条限制线，做成平行于限制线方向的刀具轨迹，加工区域由两条限制线确定。

**注意**：①使用 1 条限制线时，要设定加工边界。

②使用 2 条限制线时，限制线不要互相封闭，且方向要保持一致。

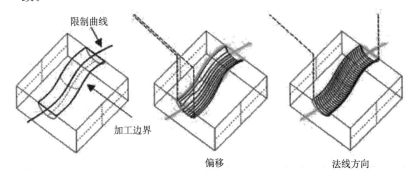

图 4—79

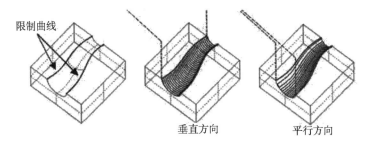

图 4—80

# 任务四　补加工方法

## （一）等高线补加工

等高线补加工是等高线粗加工的补充。当大刀具做完等高线粗加工之后，一般用小刀具做等高线补加工，去除残余的余量。如图4－81为手机模型的等高线补加工刀路轨迹。

等高线补加工的加工参数如图4－82所示。

图4－81　　　　　　　　　　　图4－82

每一层补加工轨迹行间的连接方式有三种（图4－83）：

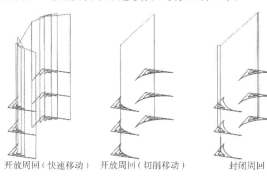

开放周回（快速移动）　开放周回（切削移动）　　　封闭周回

图4－83

157

（1）开放周回（快速移动）：在开放形状中，以快速移动进行抬刀。

（2）开放周回（切削移动）：在开放形状中，生成切削移动轨迹。

（3）封闭周回：在开放形状中，生成封闭的周回轨迹。

最大连接距离表示输入多个补加工区域通过正常切削移动速度连接的距离。最大连接距离＞补加工区域切削间隔距离时，以切削移动连接；最大连接距离＜加工区域切削间隔距离时，抬刀后快速移动连接，如图 4－84 所示。

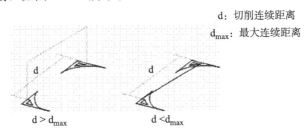

$d$：切削连续距离

$d_{max}$：最大连续距离

$d > d_{max}$　　　　$d < d_{max}$

**图 4－84**

加工最小幅度：补加工区域宽度小于加工最小幅度时，不生成轨迹，请将加工最小幅度设定为 0.01 以上。如果设定 0.01 以下的值，系统会以 0.01 计算处理。如图 4－85 所示。

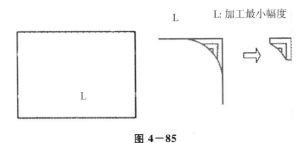

$L$：加工最小幅度

**图 4－85**

## （二）笔式清根加工

笔式清根加工是在精加工结束后在零件的根角部再清一刀，生成角落部分的补加工刀路轨迹。图 4－86 为花盘零件的笔式清根加工刀路轨迹。

**图 4－86**

笔式清根加工的加工参数如图 4－87 所示。

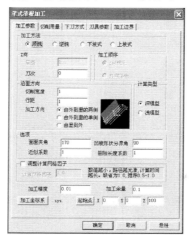

**图 4－87**

加工方法设定有顺铣、逆铣、上坡式、下坡式四种选择。上坡式、下坡式如图 4－88 所示。

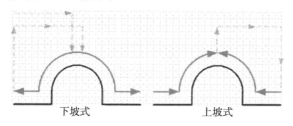

下坡式　　　　　　　　上坡式

**图 4－88**

生成沿模型表面方向多行切削有以下三种选择：

（1）由外到里的两侧：由外到里，从两侧往中心的交互方式生成轨迹。

（2）由外到里的单侧：由外到里，从一侧往另一侧的方式生成轨迹。

（3）由里到外：由里到外，一个单侧轨迹生成后再生成另一单侧的轨迹。

计算类型有两种形式：

（1）深模型：生成适合具有深沟的模型或者极端浅沟的模型的轨迹。

（2）浅模型：生成适合冲压用的大型模型，和深模型相比，计算时间短。

"选项"有以下选项：

（1）面面夹角：定义两平面之间的夹角，如图 4－89 所示。如果面面夹角大于该值时不在这里做出补加工轨迹。所以系统计算出的面面之间的夹角小于面面夹角的凹棱线处才会做出补加工轨迹。面面夹角的范围为 $0° \leqslant$ 面面夹角 $\leqslant 180°$。

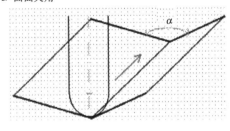

$\alpha$：面面夹角

**图 4－89**

（2）凹棱形状分界角如图 4－90 所示。补加工区域部分可以分为平坦区和垂直区两个类别进行轨迹的计算。这两个类别通过凹棱形状分界角为分界线进行区分。凹棱形状分界角的范围为 $0° \leqslant$ 凹棱形状分界角 $\leqslant 90°$。凹棱形状角度指面面成凹状的棱线与水平面所成的角度，当凹棱形状角度 ＞ 凹棱形状分界角的补加工区域为垂直

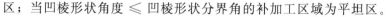

区；当凹棱形状角度≤凹棱形状分界角的补加工区域为平坦区。

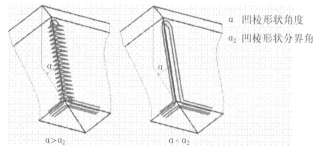

图 4—90

（3）近似系数：原则上建议使用"1.0"。它是一个调整计算加工精度的系数。近似系数×加工精度被作为将轨迹点拟合成直线段轨迹时的拟合误差。

（4）删除长度系数：根据输入的删除长度系数，设定是否生成微小轨迹。删除长度＝刀具半径×删除长度系数。删除大于删除长度且大于凹棱形状分界角的轨迹，这是由于较陡峭且较长的轨迹不利于走刀。也就是说，垂直区轨迹的长度＜删除长度，平坦区轨迹不受删除长度系数的影响。一般采用删除长度系数的初始值。

（5）调整计算网格因子：设定轨迹光滑的计算间隔因子，因子的推荐值为 0.5～1.0，一般设定为1.0。虽然因子越小生成的轨迹越光滑，但计算时间会越长。

## （三）区域式补加工

区域式补加工用以针对前一道工序加工后的残余量区域进行。图 4—91 为凹槽模型的等高线补加工刀路轨迹。

区域式补加工的加工参数如图 4—92 所示。

切削方向的设定有以下两种选择：

（1）由外到里：生成从外往里，从一个单侧加工到另一个单侧的轨迹。

（2）由里到外：生成从里往外，从一个单侧加工到另一个单侧的轨迹。

"参考"有以下选项：

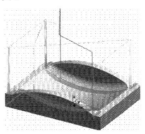

图 4—91

图 4—92

（1）前刀具半径：即前一加工策略采用的刀具的半径（球刀）。

（2）偏移量：通过加大前把刀具的半径，来扩大未加工区域的范围。偏移量即前把刀具半径的增量，如前刀具半径为 10mm，偏移量指定为 2mm 时，加工区域的范围就和前刀具 12mm 时产生的未加工区域的范围一致。

# 任务五　后置处理

后置处理就是结合特定的机床把系统生成的刀具轨迹转化成机床能够识别的 G 代码指令，生成的 G 指令可以直接输入数控机床用于加工。考虑到生成程序的通用性，CAXA 制造工程师软件针对不同的机床，可以设置不同的机床参数和特定的数控代码程序格式，同时还可以对生成的机床代码的正确性进行校验。最后，生成工艺清单。后置处理分成三部分，分别是后置设置、生成 G 代码和校核 G 代码。

## （一）机床信息

机床信息提供了不同机床的参数设置和速度设置，针对不同的机床、不同的数控系统，设置特定的数控代码、数控程序格式及参数，并生成配置文件。生成数控程序时，系统根据该配置文件的定义生成用户所需要的特定代码格式的加工指令。机床配置给用户提供了一种灵活、方便的设置系统配置的方法。对不同的机床进行适当的配置，具有重要的实际意义。通过设置系统配置参数，后置处理所生成的数控程序可以直接输入数控机床或加工中心进行加工而无须进行修改。"机床信息"选项卡共分为四个部分，分别是机床选定、机床参数设置、程序格式设置和机床速度设置，如图 4—93 所示。

1. 机床选定

选择合适的机床，并且对当前机床进行操作。

（1）当前机床：系统提供五种机床以供选择，分别是 802S、FUNAC、DECKEL、SIMENS 和 test。

（2）增加机床：针对不同的机床，不同的数控系统，设置特定的数控代码、数控程序格式及参数，并生成配置文件。生成数控程序时，系统根据该配置文件的定义生成用户所需要的特定代码格式的加工指令。点击"增加机床"，可以输入新的机床名称，进行信息配置。

（3）删除当前机床：删除当前设置机床。

2. 机床参数设置

在"机床名"一栏输入新的机床名或选择一个已存在的机床进行修改，从而对机床的各种指令进行设置。

（1）行号地址＜Nxxxx＞。一个完整的数控程序由许多的程序段组成，每一个程序段前有一个程序段号，即行号地址。系统可以根据行号识别程序段。如果程序过长，还可以利用调用行号很方便地把光标移到所需的程序段。行号可以从 1 开始，连续递增，如 N0001、N0002、N0003 等，也可以间隔递增，如 N0001、N0005、N0010 等。建议采用后一种方式。因为间隔行号比较灵活方便，可以随时插入程序段，对原程序进行修改，而无需改变后续行号。如果采用前一种连续递增的方式，每修改一次程序，插入一个程序段，都必须对后续的所有程序段的行号进行修改，很不方便。

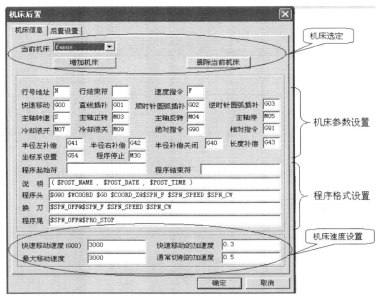

**图 4—93**

（2）行结束符。在数控程序中，一行数控代码就是一个程序段。数控程序一般以特定的符号，而不是以回车键作为程序段结束标志，它是一段程序段不可缺少的组成部分。FANUC 系统以分号符 ";" 作为程序段结束符。一般数控系统不同,程序段结束符也不同,如有的系统结束符是 "＊"、有的是 "♯" 等。一个完整的程序段应包括行号、数控代码和程序段结束符。如:N10　G90　G54　G00　Z30;

(3) 速度指令＜Fxx＞。F 指令表示速度进给。如 F100 表示进给速度为 100mm/min。在数控程序中,数值一般都直接放在控制代码后,数控系统根据控制代码就能识别其后的数值意义,而不是像数学中以等号 "＝" 的方式给控制代码赋值。控制代码之间可以用空格符把代码隔开,也可以不用。

(4) 快速移动＜G00＞。在数控中,G00 是快速移动指令,快速移动的速度由系统控制参数控制。用户不能通过给指令赋值改变移动速度,但可以用控制面板上的倍速/衰减控制开关控制快速移动速度,也可以直接修改系统参数。

(5) 插补方式控制。一般地,插补就是把空间曲线分解为 X、Y、Z 各个方向的很小的曲线段,然后以微元化的直线段去逼近空间曲线。数控系统都提供直线插补和圆弧插补,其中圆弧插补又可分为顺圆插补和逆圆插补。

插补指令都是模代码。所谓模代码就是只要指定一次功能代码格式,以后就不用指定,系统会以前面最近的功能模式确认本程序段的功能。除非重新指定同类型功能代码,否则,以后的程序段仍然可以默认该功能代码。

直线插补＜G01＞:系统以直线段的方式逼近该点,只需给出终点坐标即可,如:G01 X100 Y100 表示刀具将以直线的方式从当前点到达点 (100,100)。

顺圆插补＜G02＞:系统以半径一定的圆弧的方式按顺时针的方向逼近该点。要求给出终点坐标、圆弧半径以及圆心坐标。

逆圆插补＜G03＞:系统以半径一定的圆弧的方式按逆时针的方向逼近该点。要求给出终点坐标、圆弧半径以及圆心坐标。

(6) 主轴控制指令。主轴控制包括主轴的起停、主轴转向、主轴转速。

主轴转速<S>：采用伺服系统无级控制的方式控制机床主轴转速是数控系统优越于普通机床的优点之一。S 指令表示主轴转速。如 S800 表示主轴的转速为 800r/min。

主轴正转<M03>：主轴以顺时针方向启动。

主轴反转<M04>：主轴以逆时针方向启动。

主轴停<M05>：系统接收到 M05 指令立即以最快的速度停止主轴转动。

（7）冷却液开关控制指令。

冷却液开<M 07>：M 07 指令打开冷却液阀门开关，开始开放冷却液。

冷却液关<G09>：G09 指令关掉冷却液阀门开关，停止开放冷却液。

（8）坐标设定。用户可以根据需要设置坐标系，系统根据用户设置的参照系确定坐标值是绝对的还是相对的。

坐标系设置<G54>：G54 是程序坐标系设置指令。一般地，以零件原点作为程序的坐标原点。程序零点坐标存储在机床的控制参数区，程序中不设置此坐标系，而是通过 G54 指令调用。

绝对指令<G90>：把系统设置为绝对编程模式。以绝对模式编程的指令，坐标值都以 G54 所确定的工件零点为参考点。绝对指令 G90 也是模代码，除非被同类型代码 G91 所代替，否则系统一直默认。

相对指令<G91>：把系统设置为相对编程模式。以相对模式编程的指令，坐标值都以该点的前一点为参考点，指令值以相对递增的方式编程。同样 G91 也是模代码指令。

（9）刀具补偿。刀具补偿包括刀具半径补偿和刀具长度补偿，其中半径补偿又分为左补偿和右补偿及补偿关闭。有了刀具半径补偿后，编程时可以不考虑刀具的半径，直接根据曲线轮廓编程。如果没有刀具半径补偿，编程时必须沿曲线轮廓让出一个刀具半径的刀位偏移量。

半径左补偿＜G41＞：指刀具轨迹以刀具进给的方向为正方向，沿轮廓线左边让出一个刀具半径的偏移量。

半径右补偿＜G42＞：指刀具轨迹以刀具进给的方向为正方向，沿轮廓线右边让出一个刀具半径的偏移量。

半径补偿关闭＜G40＞：刀具半径补偿的关闭是通过代码 G40来实现的。左右补偿指令代码都是模代码，所以也可以通过开启一个补偿指令代码来关闭另一个补偿指令代码。

长度补偿＜G43＞：一般地，主轴方向的机床原点在主轴头底端，而加工中的主轴方向的零点在刀尖处，所以必须在主轴方向上给机床一个刀具长度的补偿。

（10）程序停止＜M30＞。程序结束指令 M30 结束整个程序的运行，所有的功能 G 代码和与程序有关的一些机床运行开关，如冷却液开关、主轴开关、机械手开关等都将关闭，处于原始禁止状态，机床处于当前位置。如果要使机床停在机床零点位置，则必须用机床回零指令 G28 使之回零。

3. 程序格式设置

程序格式设置就是对 G 代码各程序段的格式进行设置。"程序段"含义见 G 代码程序示例。可以对以下程序段进行格式设置：

程序起始符号、程序结束符号、程序说明、程序头、程序尾换刀段。

CAXA 制造工程师是通过宏指令的方式进行设置的，下面分别予以介绍。

（1）设置方式。字符串或宏指令@字符串或宏指令……

其中宏指令格式：＄＋宏指令串。系统提供的宏指令串如下：

当前后置文件名：POST＿NAME；

当前日期：POST＿DATE；

当前时间：POST＿TIME；

系统规定的刀具号：TOOL＿NO；

主轴速度：SPN＿SPEED；

当前 X 坐标值：COORD＿X；

当前 Y 坐标值：COORD＿Y；

当前 Z 坐标值：COORD＿Z；

当前程序号：POST＿CODE；

当前刀具信息：TOOL＿MSG；

当前加工参数信息：PARA＿MSG；

宏指令内容设置如下：

行号指令：LINE＿NO＿DD；

行结束符：BLOC＿END；

速度指令：FEED；

快速移动：G00；

直线插补：G01；

顺圆插补：G02；

逆圆插补：G03；

XY 平面定义：G17；

XZ 平面定义：G18；

YZ 平面定义：G19；

绝对指令：G90；

相对指令：G91；

刀具半径补偿取消：PCMP＿OFF；

刀具半径左补偿：PCMP＿LFT；

刀具半径右补偿：PCMP＿RGH；

刀具长度补偿：PCMP＿LEN；

坐标设置：WCOORD；

主轴正转：SPN＿CW；

主轴反转：SPN＿CCW；

主轴 SPN：＿DEF；

主轴转速：SPN＿F；

冷却液开：COOL＿ON；

冷却液关：COOL＿OFF；

程序止：PRO＿STOP。

@号为换行标志。若是字符串则输出它本身。＄号输出空格。

（2）程序说明。说明部分是对程序的名称、与此程序对应的零件名称编号、编制日期和时间等有关信息的记录。程序说明部分是为了管理的需要而设置的。有了这个功能项目，用户可以很方便地进行管理。例如，要加工某个零件时，只需要从管理程序中找到对应的程序编号即可，而不需要从复杂的程序中去一个一个地寻找需要的程序。

（N126—60231，＄POST_NAME，＄POST_DATE，＄POST_TIME），在生成的后置程序中的程序说明部分输出如下说明：

（N126—60231，01261，1998/9/2，15：30：30）

（3）程序头。针对特定的数控机床来说，其数控程序开头部分都是相对固定的，包括一些机床信息，如机床回零、工件零点设置、主轴启动以及冷却液开启等。

例如，由于快速移动指令内容为G00，那么＄G的输出结果为G00，同样，＄COOL_ON的输出结果为M07，＄PROSTOP为M30。依此类推。

又如，＄G90＄＄WCOOD＄G0＄COOD_Z@G43H01@＄SP_F＄SPN_SPEED＄SPN_CW在后置文件中的输出内容如下：

G90G54G00Z30

G43H0

S500M03

（4）换刀。换刀指令提示系统换刀，换刀指令可以由用户根据机床设定，换刀后系统要提取一些有关刀具的信息，以便于必要时进行刀具补偿。

### （二）后置设置

后置设置就是针对特定的机床，结合已经设置好的机床配置，对后置输出的数控程序的格式，如程序段行号、程序大小、数据格式、编程方式、圆弧控制方式等进行设置。"后置设置"参数如图4—94所示。

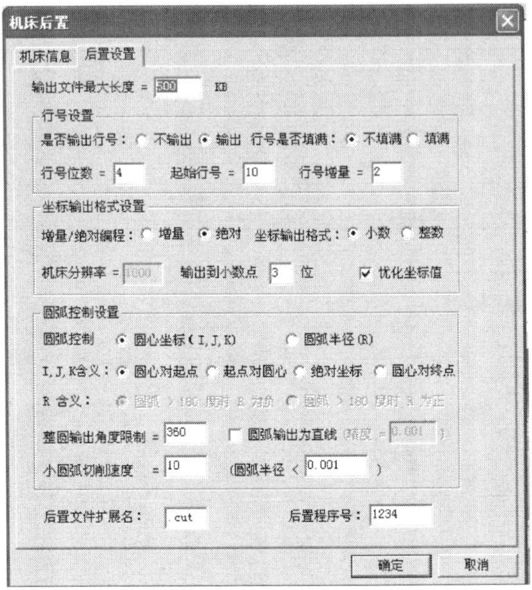

图 4—94

1. 机床名

数控程序必须针对特定的数控机床、特定的配置才具有加工的实际意义，所以后置设置必须先调用机床配置。

2. 文件长度控制

输出文件长度可以对数控程序的大小进行控制，文件大小控制以 K 为单位。当输出的代码文件长度大于规定长度时系统自动分割文件。例如，当输出的 G 代码文件 post.t 长度超过规定的长度时，就会自动分割为 post0001.t、pot0002.t、post0003.t、post0004.t等。这主要是考虑到有些数控机床的内存容量较小而设置的。

3. 行号设置

程序段行号设置包括行号的位数、行号是否输出、行号是否填满、起始行号，以及行号递增数值等。

行号位数：指输出行号时按几位数输出。

是否输出行号：选中行号输出则在数控程序中的每一个程序段前面输出行号，反之则不输出。

行号是否填满：指行号不足规定的行号位数时是否用"0"填充。行号填满就是在不足所要求的行号位数的前面补零，如 N0028；反之则是 N28。

行号递增数值：程序段行号之间的间隔。如 N002 与 N0025 之间的间隔为 5，建议选取比较适中的递增数值，这样有利于程序的管理。

4．编程方式设置

编程方式有绝对编程 G90 和相对编程 G91 两种方式。

5．坐标输出格式设置

坐标输出：决定数控程序中数值的格式是小数输出还是整数输出。

机床分辨率：机床的加工精度。如果机床精度为 0.001 mm，则分辨率应设置为 1000，以此类推。

输出小数位数：同样可以控制加工精度。但不能超过机床精度，否则是没有实际意义的。

6．圆弧控制设置

主要设置控制圆弧的编程方式，即是采用圆心编程方式还是采用半径编程方式。

圆心坐标：按圆心坐标编程时，圆心坐标的各种含义是针对不同的数控机床而言的。不同机床之间其圆心坐标编程的含义不同，但对于特定的机床其含义只有其中一种。圆心坐标（I，J，K）有三种含义：

绝对坐标：采用绝对编程方式，圆心坐标（I，J，K）的坐标值为相对于工件零点绝对坐标系的绝对值。

相对起点：圆心坐标以圆弧起点为参考点取值。

起点相对圆心：圆弧起点坐标以圆心坐标为参考点取值。

圆弧半径：当采用半径编程时，采用半径正负区别的方法来控制圆弧是劣圆弧还是优圆弧。圆弧半径 R 的含义表现为以下两种：

优圆弧：圆弧大于 180°，R 为负值。

劣圆弧：圆弧小于 180°，R 为正值。

7．扩展文件名控制和后置程序号

后置文件扩展名：控制所生成的数控程序磁盘文件名的扩展名。有些机床对数控程序要求有扩展名，有些机床没有这个要求，应视不同的机床而定。

后置程序号是记录后置设置的程序号，不同的机床其后置设置不同，所以采用程序号来记录这些设置，以便于用户日后使用。

### (三) G 代码的生成

生成 G 代码就是按照当前机床类型的配置要求，把已经生成的刀具轨迹转化成 G 代码数据文件，即 CNC 数控程序。后置生成的数控程序是数控编程的最终结果，有了数控程序就可以直接输入机床进行数控加工。

在对机床进行了配置，并对后置格式进行了设置后，就很容易生成加工轨迹的后置 G 代码。操作步骤如下：

（1）选择"加工"→"后置处理"→"生成 G 代码"，弹出对话框，如图 4—95 所示。

（2）选择要生成 G 代码的刀具轨迹，可以连续选择多条刀具轨迹，单击"确定"按钮。

（3）系统给出 ＊.cut 格式的 G 代码文本文档，文件保存成功。

**图 4—95**

# 拓展与训练

1. 根据图 4-96 所给出的尺寸，对烟缸进行三维建模，然后设计加工方式。

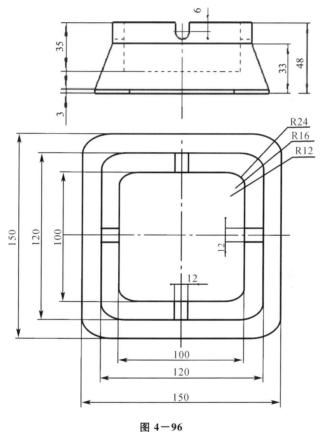

**图 4-96**

2. 根据图 4－97 所给出的尺寸，对底盘进行三维建模，然后设计加工方式。

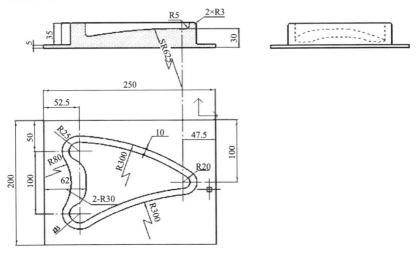

**图 4－97**

3. 根据图 4－98 所给出的尺寸，对实体五角星进行三维建模，然后设计加工方式。

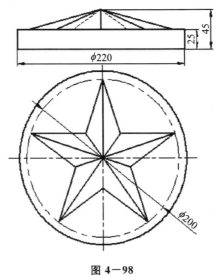

**图 4－98**

4. 根据图 4—99 所给出的尺寸，对实体五角星进行三维建模，然后设计加工方式。

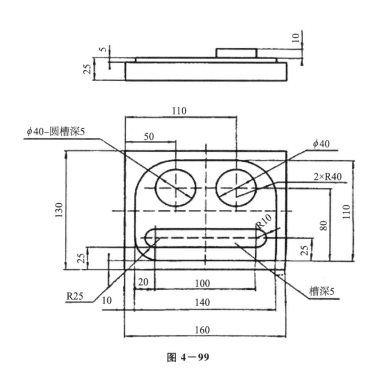

图 4—99

# 项目五 数控编程实例

## 任务一 手机模型的造型

### （一）学习目的

通过手机模型的造型学习拉伸、旋转、过渡等实体特征及扫描面的生成方法。

### （二）作图步骤

（1）在【零件特征】中 XY 平面，单击"绘制草图"按钮，进入草图绘制状态。绘制草图，如图 5－1 所示。

（2）单击特征工具栏上的"拉伸增料"按钮，在固定深度对话框中输入深度＝30，并确定。结果如图 5－2 所示。

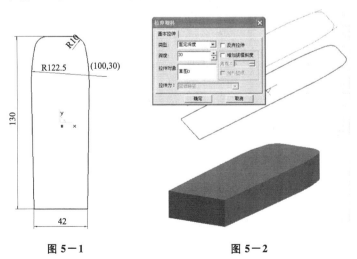

图 5－1　　　　　　　　图 5－2

（3）在【零件特征】中 YZ 平面，单击"绘制草图"按钮 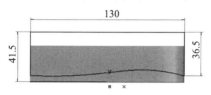，进入草图绘制状态。绘制草图，如图 5－3 所示。其中样条线型值点为（65，5），（32.5，10），（0，7.5），（－32.5，4.8），（－65，5）。

**图 5－3**

（4）单击特征工具栏的"拉伸除料"按钮 ，选择贯穿，结果如图 5－4 所示。

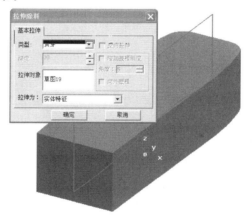

**图 5－4**

（5）单击特征工具栏的"过渡"按钮 ，在对话框中输入半径为 5，拾取手机的两条棱线，并确定，结果如图 5－5 所示。

（6）单击特征工具栏的"过渡"按钮 ，在对话框中输入半径为 3，拾取手机上表面的所有棱线，并确定，结果如图 5－6 所示。

（7）按 F6，单击"直线" 按钮，在距 Z 轴 45 处画一平行于 Z 轴的直线作为之后旋转除料的旋转轴线，如图 5－7 所示。

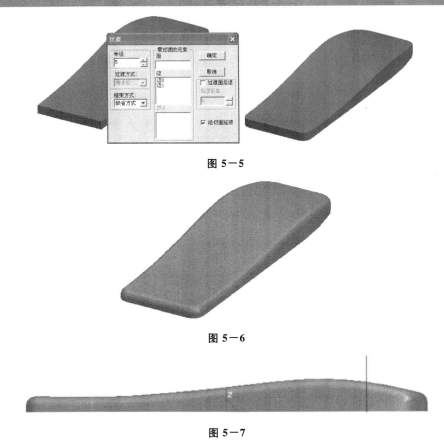

图 5－5

图 5－6

图 5－7

（8）在【零件特征】中 YZ 平面，单击"绘制草图"按钮 🖉，进入草图绘制状态。绘制草图，如图 5－8 所示。

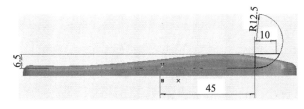

图 5－8

（9）单击"旋转除料" 🐲 按钮，拾取前作草图和作为旋转轴的空间直线，并确定，然后删除空间直线，结果如图 5－9 所示。

图 5－9

（10）单击"构造平面"  按钮，拾取 XY 平面为等距基准面，输入 20 并确定，结果如图 5－10 所示。

（11）选择所构造平面，单击"绘制草图"按钮 ，进入草图绘制状态。绘制草图，如图 5－11 所示。

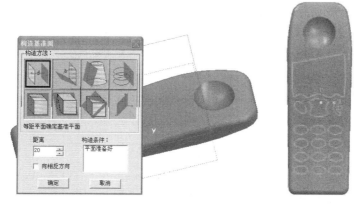

图 5－10　　　　　　　　　　　图 5－11

（12）单击"样条线"  按钮，画样条线，型值点为 （0，65，4），（0，32.5，9），（0，0，6.5），（0，－32.5，3.8），（0，－65，4），如图5－12所示。

图 5－12

（13）单击"扫描面"  按钮，输入起始距离－50，扫描距离 100，扫描 X 轴正方向，拾取样条线，作出扫描面，如图 5－13、图 5－14 所示。

图 5－13

图 5－14

（14）单击特征工具栏的"拉伸除料"按钮 ，选择拉伸到面，拾取草图及扫描面并确定，隐藏扫描面，结果如图 5－15 所示。

图 5－15

（15）单击特征工具栏的"过渡"按钮 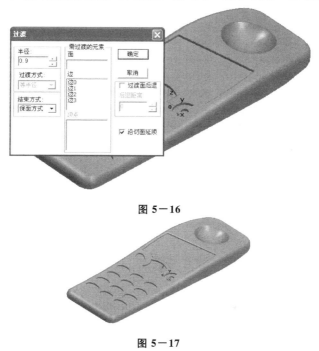，在对话框中输入半径为 0.9，拾取过渡棱线，并确定，如图 5－16、图 5－17 所示。

图 5－16

图 5－17

# 任务二　　手机模型的加工

## （一）学习目的

通过手机模型的加工学习毛坯的定义、等高线粗加工、浅平面精加工、轮廓线精加工及扫描线精加工的加工方法。

## （二）工艺分析

手机模型的毛坯尺寸为 $100 \times 150 \times 20$，材料为铝材。

零件整体形状平坦，可采用等高粗加工和浅平面精加工完成加工。手机模型上表面的孔和腔的根部为直角，需要清根，清根方式及方法可以采用多种方案。加工原点：零件的底部中心为坐标原点。

安全高度：因零件的最高点 Z 坐标为 20，所以安全高度设为 30，起始点坐标为（0，0，50）。

加工步骤如下：

1. 用直径为 φ8 mm 的端铣刀做等高线粗加工。

2. 用直径为 φ2 mm 的端铣刀做浅平面精加工。

3. 用直径为 φ8 mm 的端铣刀做轮廓线精加工。

4. 用直径为 φ0.5 mm 的端铣刀做扫描线精加工清根。

**（三）具体步骤**

1. 定义毛坯

单击"定义毛坯"菜单或图标，定义毛坯的尺寸和位置，如图5－18所示。

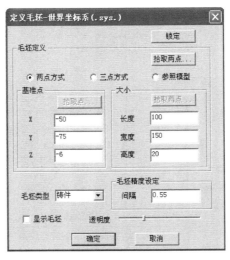

图 5－18

2. 等高线粗加工

单击菜单项：加工→粗加工→等高线粗加工，或单击图标，弹出对话框，填写参数，如图5－19所示。

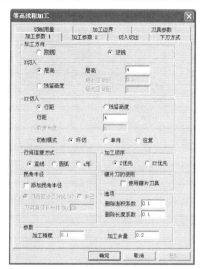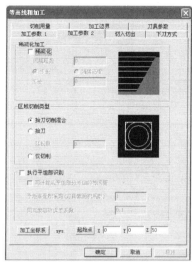

图 5—19

切入切出方式选择不设定，选择整个实体为加工对象。刀具轨迹及仿真结果如图 5—20、图 5—21、图 5—22 所示。

图 5—20

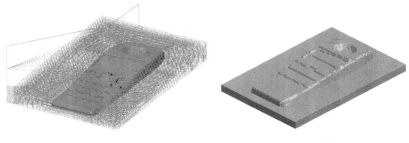

图 5-21                                     图 5-22

3. 浅平面精加工

单击菜单项：加工→精加工→浅平面精加工，或单击图标 ，
弹出对话框，填写参数。刀具加工边界选择在边界上，选择整个
实体为加工对象。刀具轨迹及仿真结果如图 5-23、图 5-24、图
5-25 所示。

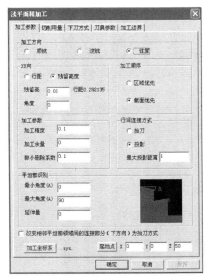

图 5-23

4. 轮廓线精加工

单击菜单项：加工→精加工→轮廓线精加工，或单击图标 ，

弹出对话框，填写参数。刀具加工有效范围最大为 0，最小为 0，选择底部实体边界线为加工对象。刀具轨迹及仿真结果如图 5－26、图 5－27、图 5－28 所示。

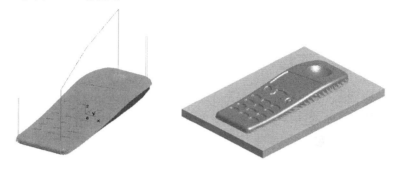

图 5－24                      图 5－25

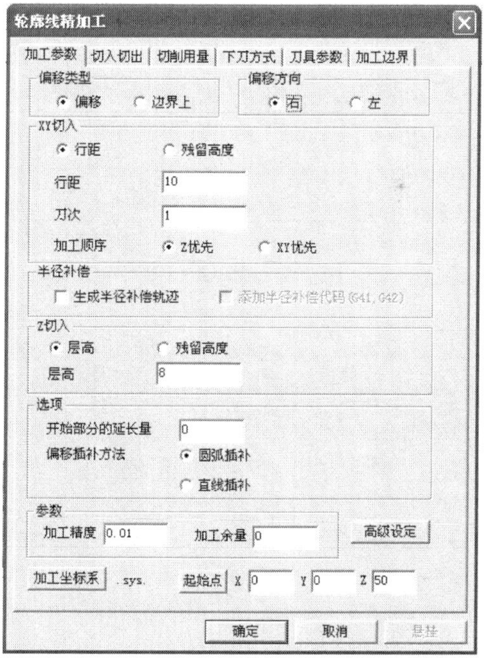

图 5－26

图 5－27　　　　　　　图 5－28

5. 扫描线精加工

单击菜单项：加工→精加工→扫描线精加工，或单击图标 💐，弹出对话框，填写参数，如图 5－29 所示。刀具加工边界选择在边界上，选择按键孔所在曲面为加工对象，如图 5－30 所示。拾取需要清根的区域边界为加工边界，如图 5－31 所示。刀具轨迹及仿真结果如图 5－32、图5－33 所示。

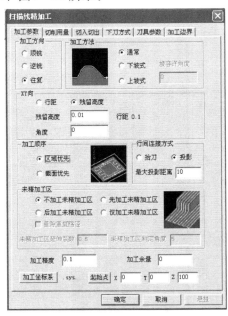

图 5－29

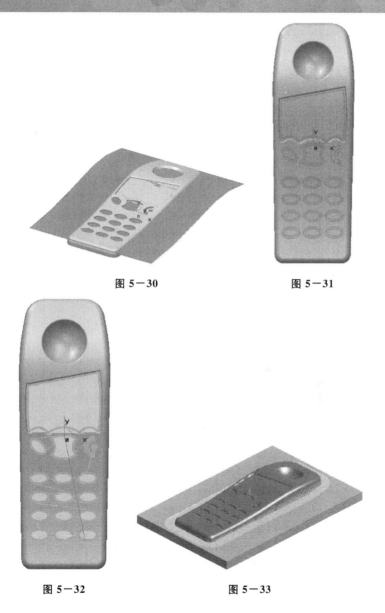

图 5－30

图 5－31

图 5－32

图 5－33

# 任务三　　香皂模型的造型

## （一）学习目的

通过香皂的造型学习拉伸、变半径过渡、裁剪、布尔运算等实体特征及放样面的生成的方法。

## （二）作图步骤

（1）在【零件特征】中 XY 平面，单击"绘制草图"按钮 ，进入草图绘制状态。绘制草图，如图 5－34 所示。

（2）单击特征工具栏上的"拉伸增料"按钮 ，在固定深度对话框中输入深度＝15，并确定。结果如图 5－35 所示。

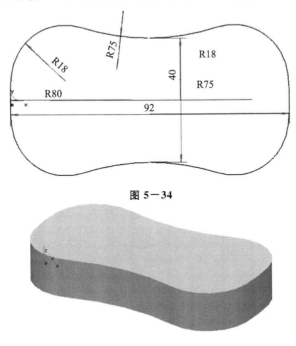

**图 5－34**

**图 5－35**

（3）单击特征工具栏的"过渡"按钮，选择变半径、光滑变化，拾取上表面所有棱线，除顶点 2 和顶点 7 过渡半径为 13 外，其余顶点过渡半径为 15，并确定，如图 5—36 和图 5—37 所示。

图 5—36

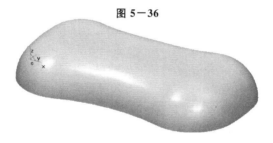

图 5—37

（4）按 F5，单击"直线"按钮，作一直线过 R18 和 R75 交点，单击"扫描面"按钮，输入起始距离—20，扫描距离 40，扫描 Z 轴正方向，拾取直线，作出扫描面如图 5—38、图 5—39 所示。

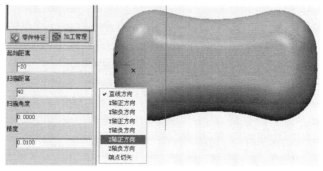

图 5—38

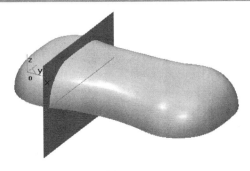

图 5－39

（5）单击"曲面裁剪除料"按钮，拾取扫描面，确定后隐藏直线和扫描面，结果如图 5－40、图 5－41 所示。

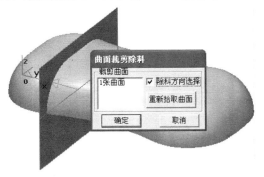

图 5－40

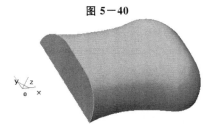

图 5－41

（6）单击"相关线"按钮，选择实体边界，拾取实体边界并确定，结果如图 5－42 所示。

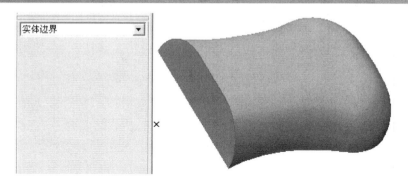

图 5－42

（7）单击"曲线组合" 按钮，选择删除原曲线，拾取实体边界线组合成一条曲线后，将特征树中的裁剪特征删除，结果如图 5－43 所示。

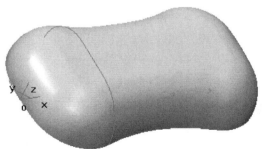

图 5－43

（8）用同样的方法作出香皂中间和右侧的另外两条曲线，如图 5－44所示。

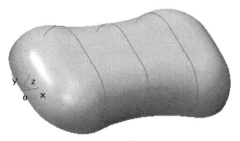

图 5－44

(9) 单击"放样面" 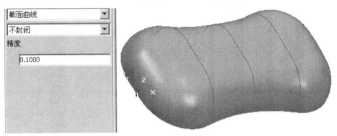 按钮，选择单截面线，依次拾取三条曲线，生成放样面，如图 5－45、图 5－46 所示。

图 5－45

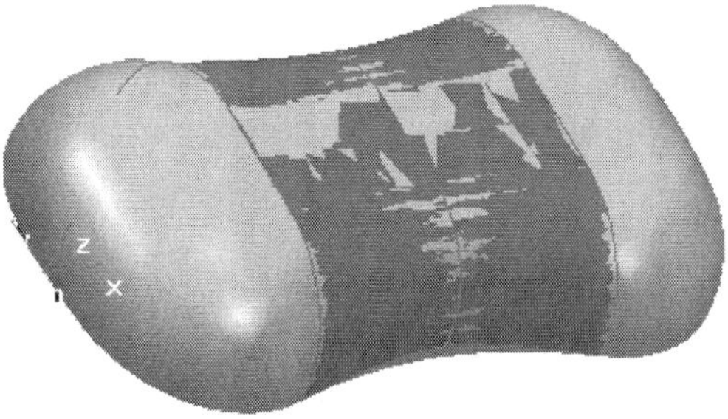

图 5－46

(10) 单击"等距面" 按钮，选择放样面，等距距离为 0.5，方向朝下，如图 5－47 所示。

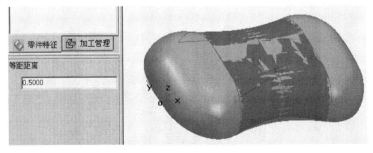

图 5－47

(11) 单击"消隐显示" 按钮，单击香皂上平面，按 F2，进入草图状态，绘制草图，如图 5－48 所示。

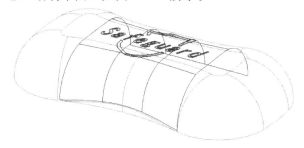

**图 5－48**

（12）单击特征工具栏的"拉伸除料"按钮，选择拉伸到面，拾取等距面并确定，隐藏扫描面，单击"真实感显示" 按钮，结果如图 5－49 所示。

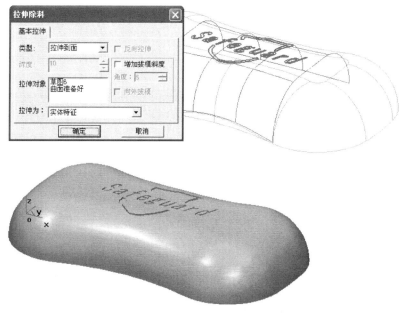

**图 5－49**

（13）单击"保存" 按钮，将文件保存为"香皂 . X ＿ T"格式文件。

（14）按 F5，单击"直线" 按钮，作一过原点的水平线，单击"实体布尔运算" 按钮，打开"香皂 . X ＿ T"格式文件，如图5－50所示。

**图 5－50**

（15）选择当前零件并入输入零件，拾取原点为定位点，定位方式选择拾取定位的 X 轴，拾取水平线为 X 轴，输入旋转角度 180 并确定。结果如图 5－51、图 5－52 所示。

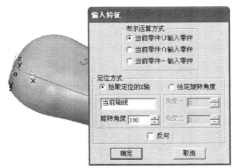

**图 5－51**

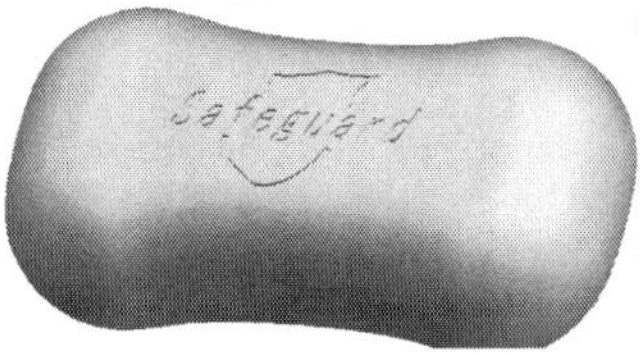

**图 5－52**

# 任务四  香皂模型的加工

## （一）学习目的

通过香皂模型的加工学习毛坯的定义、等高线粗加工、等高线精加工、轮廓线精加工及扫描线精加工的加工方法。

## （二）工艺分析

香皂模型的毛坯尺寸为 $103 \times 160 \times 30$，材料为铝材。

零件整体形状平坦，非常适合采用等高线粗加工和等高线精加工完成加工。

加工原点：零件的底部中心为坐标原点。

安全高度：因零件的最高点 Z 坐标为 15，所以安全高度设为 50，起始点坐标为（0，0，50）。

加工步骤如下：

1. 用直径为 ϕ8mm 的端铣刀做等高线粗加工。

2. 用直径为 ϕ10mm、圆角为 R2 的圆角铣刀做等高线精加工。

3. 用直径为 ϕ8mm 的端铣刀做轮廓线精加工。

4. 用直径为 ϕ0.2mm 的雕铣刀做扫描线精加工铣花纹。

## （三）具体步骤

### 1. 定义毛坯

单击"定义毛坯"菜单或图标，定义毛坯的尺寸和位置，如图 5−53 所示。

### 2. 等高线粗加工

单击菜单项：加工→粗加工→等高线粗加工，或单击图标，弹出对话框，填写参数，如图 5−54 和图 5−55 所示。切入切出方式选择不设定，选择整个实体为加工对象。刀具轨迹及仿真结果如图 5−56 和图 5−57 所示。

图 5—53

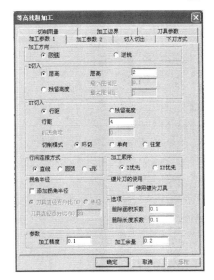

图 5—54

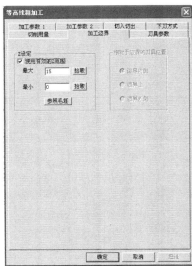

图 5—55

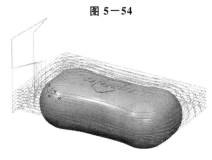

图 5—56

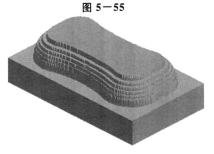

图 5—57

## 3. 等高线精加工

单击菜单项：加工→精加工→等高线精加工，或单击图标 ，弹出对话框，填写参数。如图 5－58 和图 5－59 所示。切入切出方式选择不设定，选择整个实体为加工对象。刀具轨迹及仿真结果如图 5－60 和图 5－61 所示。

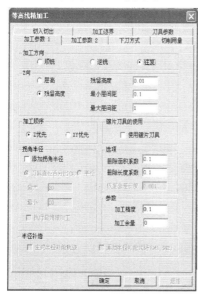

图 5－58

图 5－59

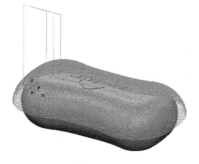

图 5－60

图 5－61

4. 轮廓线精加工

单击菜单项：加工→精加工→轮廓线精加工，或单击图标 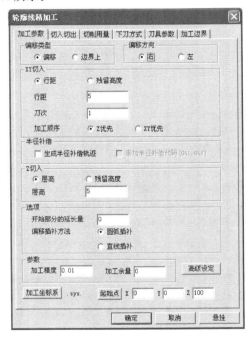 ，弹出对话框，填写参数。如图 5－62 所示。刀具加工有效范围最大为 0，最小为 0，选择轮廓边界线为加工对象。刀具轨迹及仿真结果如图5－63和图5－64 所示。

图 5－62

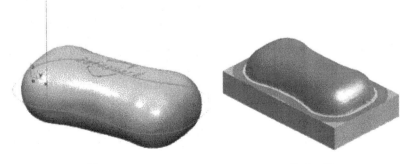

图 5－63　　　　　　　　　　图 5－64

5. 扫描线精加工

单击菜单项：加工→精加工→扫描线精加工，或单击图标，弹出对话框，填写参数，如图 5－65 所示。刀具加工边界选择在边界上，选择花纹所在曲面为加工对象，如图 5－66 所示。拾取花纹边界为加工边界。如图 5－67 所示。刀具轨迹及仿真结果如图 5－68、图 5－69 所示。

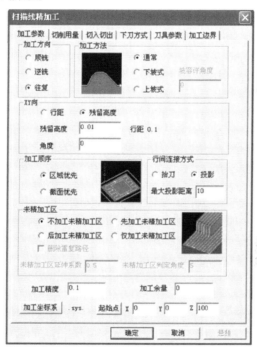

图 5－65

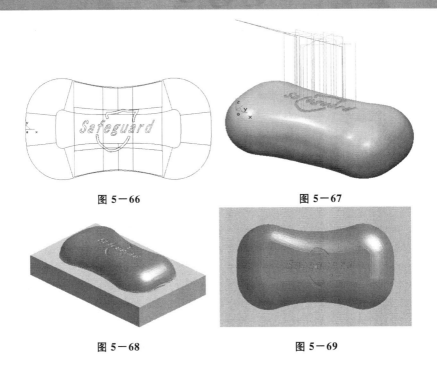

图 5－66　　　　　　　　　　　图 5－67

图 5－68　　　　　　　　　　　图 5－69

# 拓展与训练

按下面压板零件所给出的尺寸，进行三维实体建模，并进行模拟加工。

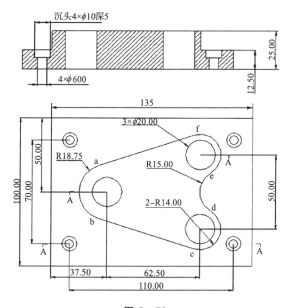

图 5－70

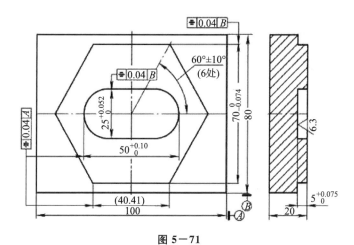

图 5－71

# 参考文献

［1］杨伟群．数控工艺培训教程［M］．北京：清华大学出版社，2002．

［2］吴为．CAXA 软件应用技术［M］．北京：人民邮电出版社，2007．

［3］张梦欣．CAD/CAM 基础实训［M］．北京：中国劳动社会保障出版社，2009．